中等职业教育通用基础教材系列

饮食文化

四时八节飨莱菜

主　编　蔡沐禅
副主编　尹迎新　王翠波　张爱廷
　　　　刘海涛　徐钰蛟

中国人民大学出版社
·北京·

编委会

主　编　蔡沐禅

副主编　尹迎新　王翠波　张爱廷　刘海涛　徐钰蛟

参　编　王伟华　邹君娥　侯旭光　李　军　崔天兴　姜秀娟　孙春玲
刘国艳　孙　妍　王树勋　史光辉　毛志博　李明浩　翟小蜻
钱立平　韩　秦　徐嘉璐　姜栋军　毛金波　孙怡铭

前言

莱州历史悠久，在夏代就建立了胶东半岛最早的封国——过国，西汉时置掖县，南北朝时，北魏分青州东部置光州，隋改为莱州，后又废州复东莱郡，唐复改为莱州，明升为莱州府。

两千多年来，莱州（掖县）一直是胶东半岛重要的政治、经济、文化中心，历史的沉淀使其形成了独特璀璨的“莱文化”。莱州，被司马迁称为“海岱之间一都会”，享有“齐鲁之甲胜，天下之名疆”的盛誉，秦始皇、汉武帝、宋太祖等都在莱州留下过足迹。

莱州拥有大量的历史人文景观和丰富的旅游资源。位于渤海南部的莱州湾是中国最富饶的海域之一，盛产多种海珍产品，如梭子蟹、对虾、大竹蛏、文蛤、鳎米鱼、针梁鱼、刺参、多宝鱼、桃花虾等。“一方水土养一方人”，地处北纬37°“黄金纬度”的莱州，依山傍海，膏壤千里，四季分明，食材丰富。其以“莱文化”为内涵，形成了独具特色的饮食文化，为“中国莱菜”的提出和倡导，提供了深厚的历史背景和文化底蕴。

莱州当地的很多节日都与节气相伴而生，这是“靠天吃饭”的先民表达美好祈愿的固定时日，世代相传，久而成俗。聪慧的莱州人讲究食材的搭配与做法，通过砍、剁、切、片、蒸、煮、炖、炸等“十八般武艺”，将天上飞的、海里游的、地上跑的、土里长的制成各色美食呈上饭桌，使每一个节日都过得有滋有味。

本书以“莱文化”为引领，分春、夏、秋、冬四个季节，共五篇，编排成册，以飨读者。每个季节分别从“节气”“民俗”“养生”“美食”四个方面论述，从而更好地与读者共同领略莱州淳朴而又瑰丽的民俗民风，分享“中国莱菜”独有的“清、新、精、简”特色，探秘“长寿之乡”的饮食之道。

本书介绍了二十四节气时令代表菜品，不仅融合了当前烹饪行业的一些新工艺、新方法，还从食材选取、火候掌握、刀法变化到烹饪、拼盘等各个方面，比较全面地展示“中国莱菜”的特色，并配以全彩的制作过程图片和操作视频，以期读者更好地认识“莱菜”、品味“莱菜”。

“中国莱菜”熔传统与现代烹饪技艺于一炉，处处透露着“莱文化”的丰富内涵和创新品格。它必将提升您的生活品质，使您的三餐充盈美感与诗意，让您的生活美滋美味、更加幸福。

目录

第一篇　说"莱菜"

清：天然原味　鲜咸适口　品格平清

新：黄金纬度　营养均衡　节令时新

精：选料精到　加工精妙　形巧意精

简：技法恰当　五味调和　大道至简

东汉·右盐主官印
25.5cm × 23.7cm × 1.5cm
6 500g

“莱”的由来

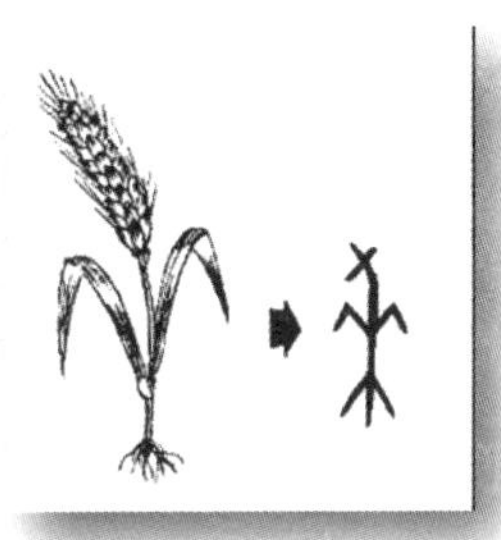

莱国是商周时期的东方大国，畜牧业较为发达，因此称为“莱夷作牧”。莱夷即指莱人，而王献唐认为莱夷因小麦而得名，“莱”即“来”，指小麦，甲骨文作。大概是因农业而闻名，莱人之名称来源于莱人首先培育了小麦。莱人是首先发明麦种者，亦即原始之农业民族。莱人的姓尚有争论，为子爵，据王献唐考证：“莱为神农苗裔，神农起于西方，自西徂东，族众随之，山东之莱族，殆亦由西徙来者。”

小麦是新石器时代的人类对小麦的野生祖先进行驯化的产物，栽培历史已有一万年以上。中亚的广大地区，曾在史前原始社会居民点上发掘出许多残留的实物，其中包括野生和栽培的小麦小穗、籽粒，并发现了炭化麦粒、麦穗和麦粒在硬泥上的印痕。

考古发现证明，至少在夏代，小麦已是主要粮食作物之一，其驯化史肯定更加悠久。殷墟出土的甲骨文有“告麦”“食麦”的记载。《诗经·思文》中的“贻我来牟”之“来牟”，亦作“麳（lái）麰（móu）”。朱熹《诗集传》注：“来，小麦。牟，大麦也。”

《左传·宣公七年》也注：“莱，国名。《齐世家》‘莱侯来伐，与之争营丘’者是也。”

《史记·殷本纪》又记载："契为子姓，其后分封，以国为姓，有殷氏、莱氏。"则契之后又有莱，契为子姓，莱当也为子姓，且殷商属于东夷，莱夷与殷人同族，故称为莱夷也与此符合，丁鼎《莱子姜姓说志疑》也称："莱国极有可能为'子'姓。"

故事 晏婴之父灭"莱"国

晏婴的父亲是晏弱。鲁襄公二年（公元前 571 年），"齐侯召莱子，莱子不会，故晏弱城东阳以逼之"。鲁襄公六年（公元前 567 年），晏弱城东阳，围莱国，十一月，齐国灭莱国。晏弱在莱城外堆土堆，王湫率领军队与莱国大夫正舆子、棠邑之人迎战齐军，被齐军击败。莱共公浮柔逃到棠邑，正舆子和王湫逃到莒国，莒人杀死了二人，齐大夫陈无宇将莱国宗庙宝器献到了齐襄公宗庙里。晏弱灭棠邑，将莱共公迁移到郳，莱国灭亡。高厚、崔杼商定了瓜分莱国的田地。

龙口之莱应是莱被灭后迁徙的，而莱国应也有一支迁移至莱芜，如《水经注》记载："齐灵公灭莱，莱民播流此谷，邑落荒芜，故曰莱芜。"王献唐《山东古国考》也考证："莱芜是因莱族与牟族杂居得名，古读牟为重唇音，声与芜相似，转写为芜。"另一支迁徙至古郳地，据《通典·州郡典》记载："莱州今理掖县。春秋莱子国也。禹贡曰'莱夷作牧'是也。齐侯迁莱子于郳，五奚反。在齐国之东，故曰东莱。战国属齐。"此处的郳，应该不是小邾之郳的，小邾在鲁之南，而此处郳却在齐之东，可见此处的郳与小邾之郳并非指一地，此处的郳应是在齐国东方的归城，如杜在忠、迟克俭、王献唐、逄振镐皆从此说，康熙《黄县志》也有："迁莱子于郳，在国之东，故曰东莱。地今去县城十里，基址犹存，一名归城。"可见黄县之莱即郳，是莱人所迁而得名。

拓展思考

说一说"莱"与小麦的关系。

"莱州"的历史

莱州历史悠久，经济发达，文化底蕴深厚，人杰地灵，风光绚丽，自古就有"齐鲁之甲胜，天下之名疆"的美誉。一代代优秀的莱州儿女，以其勤劳勇敢和聪明睿智，创造了璀璨的莱文化，使之成为中华文明的有机组成部分。

一、古莱夷地

在新石器时期，莱族人就在莱州繁衍生息，已有5 000多年的历史。这可从蒜园子村、关家桥村、西大宋村1981年的考古发现得到印证。莱族也称莱夷。

二、夏朝为过国

当时建立在今莱州城北过西镇以东的过国，则是夏朝早期在莱州的封国，也是胶东最早的封国，所以我们称莱州为"古国新城"。

现在莱州市有的地名或村名仍有古老历史留下的痕迹，如"过西"，因在过国西边而得名，浞河、浞里村、大浞河村、小浞河村等，亦因寒浞而得名。在朱汉村东，有一土丘曰"浇冢"，据说是过浇的墓。

三、商朝为莱侯国地

商朝，莱地归商。据《中国历史地图集》载，莱侯国的国都就在胶水（即胶莱河）周围。商代曾在今市城区东北10公里石柱栏姜家村南筑有沙邱城。

四、周朝时为莱子国

莱侯曾与姜尚七争营邱，莱侯终被姜尚战败东退，成为齐国的附属国，称莱子国。齐国从公元前602年，又开始伐莱，因为莱子国虽称臣齐国，但它的存在对齐国是个很大的威胁。周灵王五年（公元前567年），齐灭莱，迁莱子于郳（即今枣庄市山亭区东江遗址），因莱地在齐国之东，始称东莱。这就是莱州称东莱之始。

五、战国时为齐国夜邑

战国时，齐国在今城区附近置夜邑。在《战国策·齐策》中记载，齐襄王“益封安平君（田单）以夜邑万户”，从此莱州有了夜邑的记载，至于为什么称夜邑，史书没有记载。

六、秦朝时置齐郡

秦分天下为三十六郡，在今山东置齐郡，“莱州”属齐郡东境。

秦始皇出巡，曾经过莱州，崩死在沙邱古城。秦始皇来此除了想炫耀武功、震慑四方外，还想到海边祭祀八神，求取仙药。

现在三山岛仍有当年秦始皇和方士们留下的遗迹，如在西峰有一块长方形的巨石，上面平整如席，民间称为“仙人炕”，传说是神仙休息的地方。中峰峰顶有矩形平台，上面有

石坑酒樽九只、筷印一双、手裳印一只，这便是《史记·封禅书》中记载的秦始皇设坛注酒醴祀阴主的遗迹。

七、西汉置掖县

汉初实行郡国并行制，郡、国下设县。公元前 203 年，设置青州东莱郡，东莱郡治于掖县。这是莱州置县之始。东莱郡领县十七，其中掖县、当利、曲成、临朐、阳乐、阳石六县均在今莱州市境内。为什么称“掖”？清光绪《掖县全志》建置载，“因有掖水而得名”，即以水名县。原来是用“黑夜”的“夜”字，《说苑》作“掖”，以后就称“掖县”。

八、南北朝北魏时为光州

公元 470 年，分青州东部置光州，因城南有光水得名（即三里合子河）。光州辖三郡十四县，三郡为东莱、长广、东牟，十四个县为掖县、西曲城、东曲城、卢乡、昌阳、长广、不其、挺县、即墨、当利、牟平、黄县、惤县、观阳，基本包括了现在胶莱河以东的区域。

魏世宗永平三年（公元 510 年），郑道昭任光州刺史时，在城南云峰山和大基山中留下了驰名中外的书法艺术珍宝——魏碑石刻，该石刻被誉为“魏碑鼻祖”“隶楷之极”。

九、隋朝为莱州、掖县

隋朝时，改州、郡、县三级为州、县两级，并于隋文帝开皇三年（公元 583 年）撤销东莱郡，改光州为莱州，这是称莱州之始，因莱地中心而得名。辖掖县、胶水、卢乡、即墨、观阳、昌阳、黄县、牟平、文登九县，属青州刺史部。后来又改为东莱郡，但当时两个名称同时并用，治所仍在掖县。

十、明朝时设莱州府

明朝时，莱州府辖二州五县，即掖县、平度州、潍县、昌邑、胶州、高密、即墨。府治在掖县。

十一、清朝时掖县属山东省登莱青道莱州府

清朝实行省、府、县三级地方行政制度，为了监察地方，在省和府之间还设立了道。登莱青道的治所、府治均设在掖县，辖二州五县，即掖县、平度州、潍县、昌邑、胶州、高密、即墨。1863 年，登莱青道的治所迁至烟台福山。

十二、1988 年撤县设市

中华人民共和国成立后，1950 年莱州属莱阳专区，1956 年掖南县并入掖县，1958 年划归烟台专区，1988 年撤销掖县，建立莱州市。

拓展思考

说一说莱州的历史沿革。

“莱州”独特的历史地位

自古以来，莱州就是重要的政治、经济、文化中心。

第一，莱州地处北纬 36°59′—37°28′，这个纬度地带集天地之灵气，是人类文明荟萃和文史胜迹聚集之地。这一黄金纬度带上聚集了无数美丽富饶的城市，纬度与海洋、陆地的完美结合，造就了这条纬度带上宜人的气候和独特的自然景观。

莱州是北纬 37° 上的“长寿之乡”，适宜的温度、充足的阳光、富含多种矿物质元素的肥沃土壤和得天独厚的渤海湾海岸线，使莱州物产丰富，并成为休闲娱乐、生活的绝佳之地。

第二，莱州还具有重要的战略地位。

故事　毛主席亲笔写“掖县”

1946 年 6 月 23 日，国民党军进攻胶东，胶东部队发起胶东保卫战。

1947 年 10 月 4 日，华东野战军解放掖县县城。

掖县解放，切断了已被敌人打通的烟潍公路，斩断了胶东内地之敌的西援道路，形成了“关门打狗”之势，揭开了胶东大反攻的序幕。

1947 年 10 月 9 日，《东北日报》的《敌军犯烟台计划破灭　我军收复掖县》和《晋察冀日报》的《华东我军收复掖县》都对“收复掖县”进行了报道。

到 1947 年 12 月 3 日战役胜利结束，我军共歼国民党军 63 000 余人，彻底打破了蒋介石企图占领胶东半岛的计划，从根本上改变了山东战场的形势，有力地配合了外线兵团作战。

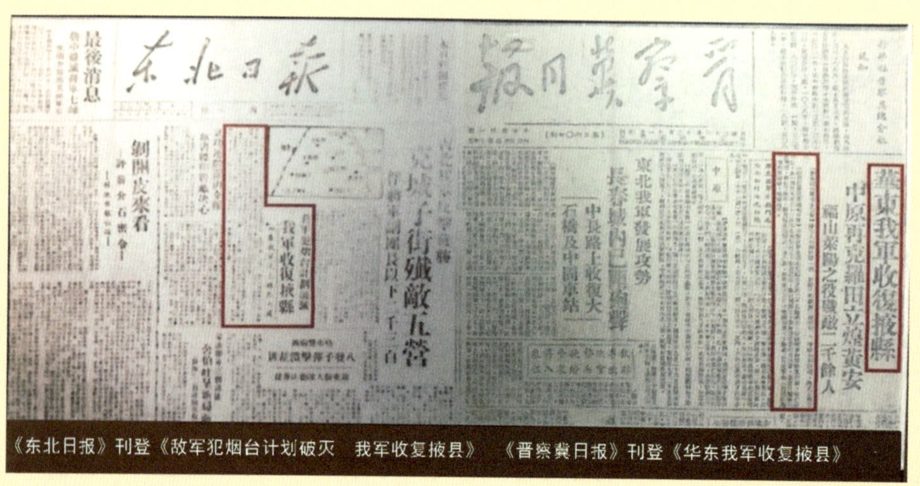

《东北日报》刊登《敌军犯烟台计划破灭 我军收复掖县》 《晋察冀日报》刊登《华东我军收复掖县》

胶东保卫战是人民解放战争转折阶段的关键之役，收复掖县的胜利代表着全国最大的战场之一——华东战场转入反攻，毛泽东以中央名义起草的电文充分肯定了这一战役的转折性质。中共中央高度重视保卫胶东根据地，1947年8月25日毛泽东亲笔起草《关于保卫胶东的指示》。解放战争期间，毛泽东亲自下达保卫根据地的指示一共有两个，另一个是保卫延安。

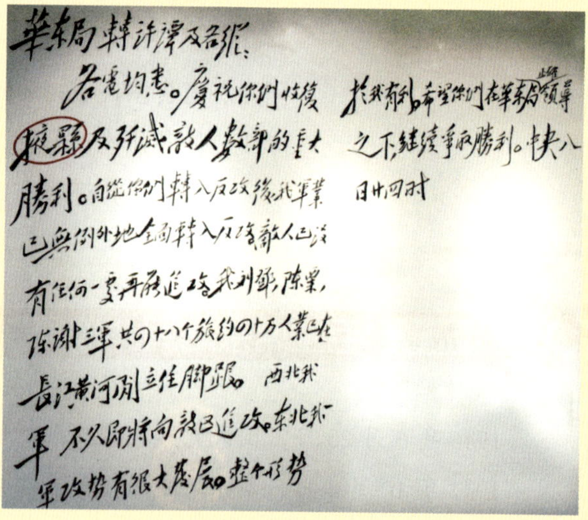

拓展思考

毛泽东为什么亲笔写“掖县”？

“齐莱莒文化圈”的由来

2016年3月25日，在互联网世界合作者大会上，创意中国产业联盟发起人、文创产业经济专家苏彤先生公布了《创意中国文化圈地图》。

文化圈地图是根据北京、南京、西安三地之间的直线距离形成的正三角形。以该“大地三角形”作为测量基准，我们可以勾勒出一个地球空间信息球面离散网格系统，并对整个中国地图进行投射，进而形成一个新的文化圈编号系统。其中编号1-1的文化圈涵盖胶东半岛，原命名为“齐鲁莒”。

2019年7月22日，苏彤先生改“齐鲁莒文化圈”为“齐莱莒文化圈”，准确定位了“莱”在中国文化圈的位置。

为什么是“齐莱莒”，而非“齐鲁莒”？

周朝时期，鲁国定都曲阜，其统治核心区大多位于今山东济宁境内，亦包括泰安南部宁阳，菏泽东部单县、郓城，临沂平邑等市县。

所以，从鲁的疆域来看，鲁属于“中原文化圈”；从文化特点来看，鲁属农耕文明，而胶东半岛地区还有渔猎文明的基因，是一个独立的文化圈。

拓展思考

如何理解“齐莱莒文化圈”？

“莱菜”的由来

一、为什么叫“莱菜”而不是“掖菜”

首先要说明的是，“莱菜”中的“莱”，既不单纯是行政区划上的莱州，也不单纯是地理意义上的莱州或者以前的掖县。甲骨文的“来”是一个象形字，意为成熟的小麦，这是“莱”的最早起源。

“莱”的历史有文字明确记载的，可以追溯到距今六千多年前。那个时候的“莱文化”已经形成，因为文化的形成需要漫长的孕育，从历史渊源上，先有“莱”，后有“掖”。“莱”文化更早，“莱”的范畴更大，“辈分”当然更大。所以，如果说中华饮食是中华文明的载体之一，那么从“莱文化”的角度说，“莱菜”的说法更正宗，更有历史文化底蕴！

二、为什么四大菜系、八大菜系没有“莱菜”

世界上真正称得上有美食文化、烹饪文化、餐饮文化的，当属中国。中华文明绵延数千年而不绝，没有文明的延续、文化的传承，就不可能有多样而深厚的中华美食文化，不可能有四大菜系、八大菜系等。没有文化积淀，则不可能有烹饪文化。所以，无中华文明则无中国饮食文化。

传统的四大菜系包括鲁、川、粤、苏，后来加上浙、闽、湘、徽扩成八大菜系。

那么“菜系”是什么概念？

在中国餐饮界有一个公认的观点：菜系是指一定区域范围内，由于气候、历史、地理、人文、特产以及特殊的饮食风俗，再经过较长时间的民间演变而形成的具有独立体系的烹饪技巧和独特风味，并被全国人民所认可的地方菜肴。

山东又称齐鲁大地，是儒家文化的发源地，是中华文明的重要组成部分。可是，鲁文化以农耕文明为根底，从气候、历史、地理、人文、特产以及饮食风俗各个方面，与胶东半岛地区多有不同，它代表不了胶东半岛地区的渔猎文化。正如巧妇难为无米之炊，不出产海鲜的地方就不可能善于做海鲜。

莱州当年叫掖县，交通不够便捷的时候，常吃海鲜的人都在沿海地区，东南山区的人吃农家饭。十里不同风，百里不同俗。掖南、掖北的饮食风俗、生活风俗乃至说话发音都有很大区别。

鲁菜，是中国影响最大的宫廷菜系，是中国四大菜系之首。一般认为鲁菜分为两大派系，分别由济南和胶东两地的地方菜演化而成。有时也分为四大派系，由齐鲁、胶东、孔府、药膳四种风味组成。鲁菜的几大派系各自独立，风格、风味也大相径庭。

这与上面说的菜系的定义，有不同之处。

无论气候、历史、地理、人文、特产、风俗，乃至烹饪技巧和饮食风味，“莱菜”都与鲁菜大不相同。“莱菜”，就是长久以来隐居幕后的一颗明珠，它承载着源远流长的“莱文化”并自成体系。

三、"莱菜"为什么不同于胶东菜

胶东菜因起源于福山，故又名"福山菜"，也叫"烟台菜"。后胶东菜传入青岛，青岛菜承袭福山菜而发展，自成一派。

那么，福山的历史又如何呢？

福山，商、西周为莱国地，秦、西汉置腄县，属胶东郡。汉高帝时，属东莱郡。北宋靖康二年（公元 1127 年），伪齐帝刘豫登此山，称两水镇一带为"福地"，因名此山为福山。金天会九年（公元 1131 年）设福山县。"福山"名字的由来至今不足 900 年的历史。

据《福山县志》记载：胶东菜大约形成于元明间。明末清初，胶东人外出谋生并大量进入北京，将胶东菜带入北京，并使之成为北京菜的主流。此后，福山厨师在国内外各处开业，使福山菜的风味传遍天下。清末以来胶东菜又形成以京、津为代表的"京帮胶东菜"，以烟台福山为代表的"本帮胶东菜"和以青岛为代表的"改良胶东菜"。

从"胶东""福山"的历史渊源来看，它们都不如"莱"文化历史悠久。餐饮是最好的文化载体之一，没有本尊，何来载体？所以，"莱菜"源自更加历史悠久的"莱文化"，"莱菜"的叫法，更有"来"头。

知识 中国古代饮食器具

鼎

中国既是历史悠久的文明古国，同时也是一个美食国都。自古以来，中国人对于饮食就特别讲究，形成了餐饮文化。下面介绍几种古代的饮食器具。

1. 鼎，是烹煮肉和盛贮肉类的器具。最早的鼎是黏土烧制的陶鼎，后来才有了用青铜铸造的铜鼎。

簋

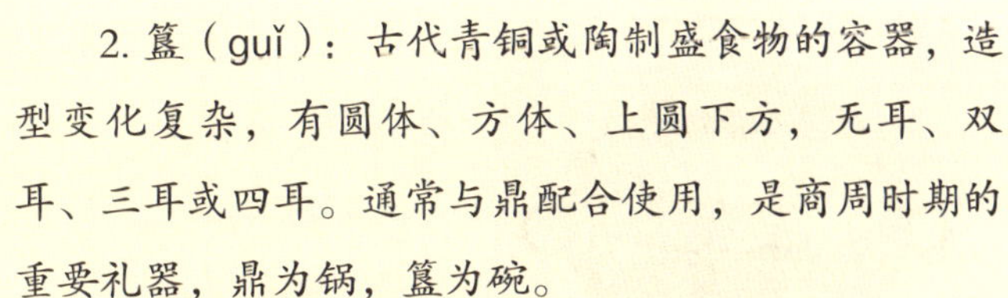

2. 簋（guǐ）：古代青铜或陶制盛食物的容器，造型变化复杂，有圆体、方体、上圆下方，无耳、双耳、三耳或四耳。通常与鼎配合使用，是商周时期的重要礼器，鼎为锅，簋为碗。

3. 鬲（lì）：一种蒸煮炊具，器形小的可用于烧水加热食物和盛酒。其形似鼎，有圆有方，一般为侈口（口沿外倾），部分有两耳。

鬲

4. 甑（zèng）：古代的蒸食用具，为甗的上半部分，与鬲通过镂空的箅相连，利用鬲的蒸汽将甑中的食物煮熟。

5. 甗（yǎn）：中国先秦时代的蒸食用具，可分为两部分，有连体的也有分开的，上部放置食物为甑，下部盛水为鬲，上下部之间隔一层有孔的箅，通过蒸汽来烹煮食物。后作为礼器流行于商至汉朝。与鼎、簋、豆、壶、盘等组成成套随葬品。

甑

6. 釜（fǔ）：一种圆底无足的炊具，必须安置在炉灶之上或是以其他物体支撑煮物，釜口圆形，可以直接用来煮、炖、炒、煎等，是我们现代炊具锅的前身。

7. 簠（fǔ）：簠的基本形制为长方形器，盖和器身形状相同，大小一样，上下对称，合则一体，分则为两个器皿。

甗

釜

簠

豆

8. 豆：流行于新石器时代至汉代，造型多为浅盘、浅钵形，高圈足。

爵

9. 爵（jué），用于盛放、斟倒和加热酒。多用于饮酒，兼可温酒。

10. 尊，为我国古代盛酒器的通称，敞口、高颈、圈足。在尊上往往用动物形象装饰。

尊

11. 角，在《韩诗说》中曾写道："一升曰爵，二升曰觚，三升曰觯，四升曰角，五升曰散。"早期的角细腰、平底、圆足有圆孔，还有把手，上口部位一般呈现为前后两只尖角形。在整体形状上与爵相似，但是没有柱，可用于饮酒、温酒和盛酒，同时还可以作为量酒的容器。

12. 觥（gōng），既可以作为盛酒器具，也可以作为饮酒器具使用，其形状像一只横放的牛角，长方圈足，有盖，以兽形居多。

13. 缶（fǒu），是一个圆身、大腹的容器，上面有盖，腹部有四个环。缶刚开始时用来汲水，后来也常用来盛酒，作为酒器使用。

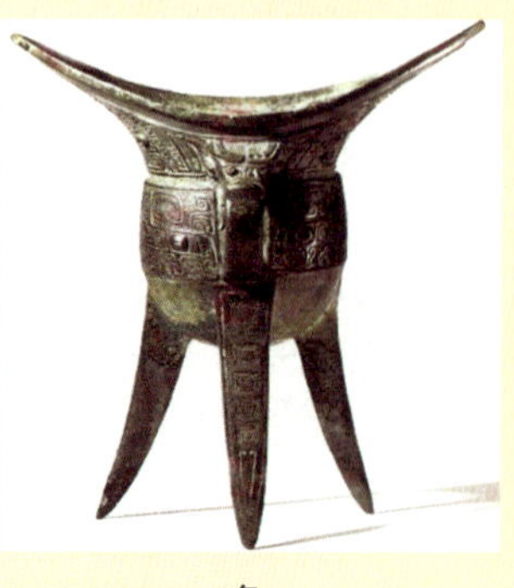
角

觥

缶

14. 斝（jiǎ），形状像爵，但是体积比爵要大，有把手，圆口双柱，在平底的下面有三个尖足，下腹扁圆，三足中空，呈棱形或圆柱形。斝的功能是温酒和饮酒，相当于现在的大酒杯。

我们的先人发明了如此精美的食器、酒器，由此可见，当时的餐饮文化非常发达。

斝

故事　庖丁解牛

庖丁为文惠君解牛，手之所触，肩之所倚，足之所履，膝之所踦，砉然向然，奏刀騞然，莫不中音，合于《桑林》之舞，乃中《经首》之会。

文惠君曰：“嘻！善哉！技盖至此乎？”

……

文惠君曰：“善哉！吾闻庖丁之言，得养生焉。”

牛，在古代是重要的生产工具。普通老百姓是不允许杀牛的。庖丁解牛的时间达十九年，所解之牛数千头，解牛技艺水平非常高，这说明当时餐饮业已经相当发达了。

拓展思考

为什么叫“莱菜”而不是“菝菜”？

“莱菜”的特点

“中国莱菜”的基本特点是清、新、精、简。

所谓“清”，就是指天然原味、鲜咸适口、品格平清。清蒸梭子蟹、清蒸鲈鱼、原汁文蛤等即典型代表菜，莱州话叫“清奇”。

所谓“新”，就是黄金纬度、营养均衡、节令时新。莱州地处北纬37°，陆地与海洋完美结合，因而物种丰富。登海的玉米、清明沟的西红柿、小草沟的银杏果，特别是过鱼市时吃的开冰梭、针梁鱼、大鲅鱼等，口味之鲜美

独特，可谓莱菜一绝。

所谓“精”，就是指选料精到、加工精妙、形巧意精。以面食为例，造型各异，栩栩如生，这与莱州自古种植小麦，现在也是小麦主产区密不可分。莱州的面塑历史悠久、形态各异、活灵活现，有婚庆用的鸳鸯、老人过生日用的大寿桃等，寓意美好、工艺精巧、人见人爱。

所谓“简”，就是指技法恰当、五味调和、大道至简。辛、酸、咸、苦、甘，与金、木、水、火、土五行对应，天人合一，富含哲理，不仅是菜品的五味，也是人生的五味，增一分多，减一分少，中和最妙。

拓展思考

说一说“莱菜”的特点。

知否知否

一、计量单位

1 千克 =1 000 克

1 斤 =10 两 =500 克

1 两 =10 钱 =50 克

本书中用到的汤勺就是家庭常用的中等大小的瓷勺，一勺水、盐、油差不多是 15 克。

二、油温

油温是指将原料投入锅中时，油应达到的温度，常用“几成”来表达。每成油温差距约为 30 度。

（1）一二成油温，属于冷油温。此时把筷子放入油中，不会有什么反应。

（2）三四成油温，属于低油温。此时，油面泛起白泡，无声响和青烟。用手置于油锅表面，能感觉到热。筷子置于油中，周围会出现细小的气泡。三四成油温一般适用于肉丝、肉片、鸡丁的滑油等。

（3）五六成油温，属于中油温。此时油面波动，向四周轻微翻动，微有青烟升起。细看油表面会有波纹。筷子置于油中周围气泡变得密集，但没响声。原料下油后，周围有大量气泡产生，并伴有“哗哗”声。适用于软炸类菜肴，如软炸里脊、软炸虾仁等。

（4）七八成油温，属于热油温。此时油面的翻动转向平静，青烟四起并向上冲。适用于炸茄子、鱼、猪手等，使原料水分快速挥发，从而使制品表面酥脆。注意，大件原料要使用

锅盖盖住或遮挡在身前，防止因油飞溅导致烫伤。

（5）九十成油温，属于烈油温，即将达到燃点，仅适用于爆菜等。

家庭制作菜肴对油温的掌握：

（1）学会上述不同油温的识别。

（2）家庭烹饪一般火力小，油温升得慢、降得快，在实际操作过程中可以比本书所说的油温稍高一成。

（3）要依据火力的大小、原料投放的多少以及原料的性质，灵活掌握油温及时间。这需要在实践中慢慢体会、领悟，逐步形成自己的烹饪风格。

第二篇　春之韵

春雨惊春清谷天

夏满芒夏暑相连

秋处露秋寒霜降

冬雪雪冬小大寒

立 春

一、立春节气春伊始

立春，为“二十四节气”之首，还是中国传统文化中“四时八节”的八节之首，又叫作立春节、正月节、岁节，一般在每年公历 2 月 3 日至 5 日交节。和立夏、立秋、立冬节气一样，立春也是反映季节更替的节气。立春节气的到来，意味着寒冷的冬季已经结束，温暖的春天开始到来，是万物生长的开始，“阳和启蛰，品物皆春”，蓬勃生机，蓄力待发。

“打春别欢喜，还有四十天冷天气”，“春打六九头”，立春过后，仍处于“数九”寒天，让人身心舒爽的温暖天气，还要等上一个多月才能真正到来。

春之暖，冬之寒，总是被人相提并论，“冬天来了，春天还会远吗？”“没有一个冬天不可逾越，没有一个春天不会来临。”立春，立的是美好的希望、温暖的期待，更是笃定的信念。

二、民间有习俗

在古代，迎春是立春的重要活动，已有三千多年的历史，中国自官方到民间都对其极为重视。立春时，天子亲率三公九卿、诸侯大夫去东郊迎春，祈求丰收。回来之后，要赏赐群臣，布德令以施惠兆民。

春
春

这种活动影响到民间，逐渐成为世世代代沿袭的全民迎春活动。

1. 立春不能回娘家

“打春走娘家，踩穷了舅子”。在莱州民间，立春当日，已经出嫁的闺女这天可千万不能回娘家，会被娘家哥嫂嫌弃的！这可是沿袭了千年的习俗，至今有些地方仍在传承。如果恰巧踏进了娘家的大门怎么办？那也要在立春时辰前走出娘家门，外出躲避，否则会对娘家不利。现在出嫁的闺女不能在初一回娘家可能与这个习俗有一定的关系。

为什么立春不回娘家？据说是因为娘家人准备农事，无暇顾及，还有人说是害怕闺女回娘家借耕牛，万一借走了耕牛耽误了春耕，岂不坏了一年的大事？

很多重大的节日，在习俗方面是颇有讲究的。虽然没有什么道理可言，可就是这么一代一代相延成习，“约定俗成谓之宜，异于约则谓不宜”。

2. 立春三候

“一候东风解冻，二候蛰虫始振，三候鱼陟负冰”。东风暖，冰融化；再过五日，虫儿也开始从冬眠中醒来，开始“蠢蠢欲动”了；再过五日，鱼儿们也“扑楞”着满身的冰屑到水面上探头探脑地换气了。小虫儿、小鱼儿总是比人类更敏感，天气变暖它们才是先知先觉者。

知否知否

春节，在古代指的就是二十四节气中的“立春”，而“过年”过的是阴历正月初一。自汉武帝太初元年（公元前104年）始，将阴历正月初一称为“元旦”。1911年辛亥革命以后，改阳历1月1日为“元旦”。1949年，改阴历正月初一为“春节”，于是春节与过年合而为一，立春变身为普通的节气。

三、时节话养生

1. 少油腻、多辛辣

经过整整一个冬季的进补，立春不宜再吃油腻食物。肠胃积滞太重，容易导致阴津耗损、阳气外泄。

春季养生要多吃辛辣食物。“辛”有杀菌消毒的作用，葱、姜、蒜、辣、芥是五种有代表性的辛辣食物，其中葱、姜、蒜等具有祛湿、避秽浊、促进血液循环、兴奋中枢神经系统的作用，可适量食用。

2. 立春养生吃牡蛎

牡蛎，莱州人叫它“海蛎子”，分布在海洋沿岸水域，莱州湾盛产。牡蛎肉嫩味鲜，营养丰富，有“海中牛奶”之美誉，富含多种维生素、牛磺酸、糖原及其他矿物质，其含碘量比牛奶和蛋黄高出 200 倍，含锌量之高可为食物之冠。

3. 粗粮、蔬菜要多吃

立春时节要多吃谷类粗粮，如玉米、燕麦等；生菜、芥菜、芹菜等富含膳食纤维的新鲜蔬菜也应多吃。同时，还应多吃一些多汁的水果，以消热滞和湿滞、平衡消化。

四、美食荐新

1. 炸蛎黄

【用料】

蛎肉 200 克，蛋黄 35 克，面粉 15 克，淀粉 50 克，花生油 1 000 克，椒盐 6 克。

【做法】

（1）蛎肉洗净，放开水中焯 10 秒钟左右，捞出控水，加盐拌匀（见图 2-1、图 2-2）。

（2）用面粉、淀粉、蛋黄和成糊，将蛎肉倒入，搅匀（见图 2-3）。

（3）逐个放入八成热的花生油中炸熟，呈金黄色，捞出控净油，盛入盘内，撒上椒盐即可（见图 2-4、图 2-5）。

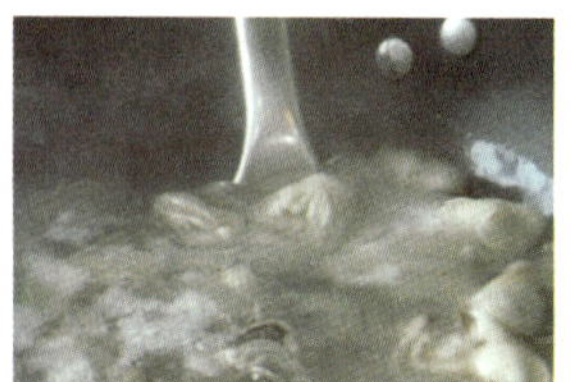
图 2-1

图 2-2

图 2-3

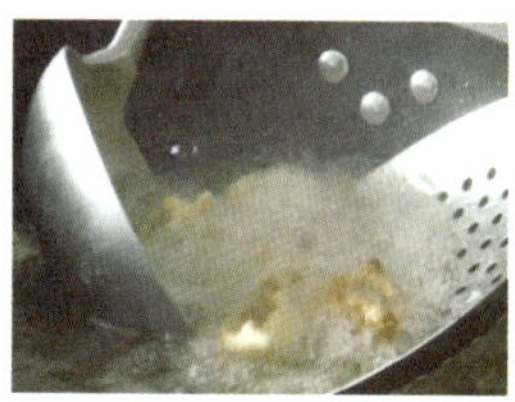
图 2-4

图 2-5

知否知否

面糊中加少量油，炸好的蛎黄就不会粘连。

2. 熘虾仁

【用料】

虾仁 250 克，水发木耳 30 克，冬笋 25 克，葱 10 克，蒜 3 个，姜 3 克，鸡蛋 2 个，盐 5 克，醋 3 克，料酒 10 克，淀粉 15 克，花生油 1 000 克。

【做法】

（1）将虾仁去虾线（见图 2-6），洗净片开；将冬笋切片，葱切豆瓣葱，姜切片，蒜切片。

（2）将片好的虾仁加盐、料酒，抓匀入味，用蛋清和淀粉将虾仁上浆（见图 2-7）。

（3）锅中放花生油，烧至油温四成热，将上好浆的虾仁放入锅中，用筷子拨散，用手勺推动滑油，滑好后倒入漏勺控油（见图 2-8）。

（4）锅内加底油，用豆瓣葱、姜、蒜爆锅，加料酒、醋、木耳、冬笋片、清汤、盐，烧开，撇去浮沫，用淀粉勾成溜芡，再将虾仁倒入翻匀（见图 2-9），装盘即可（见图 2-10）。

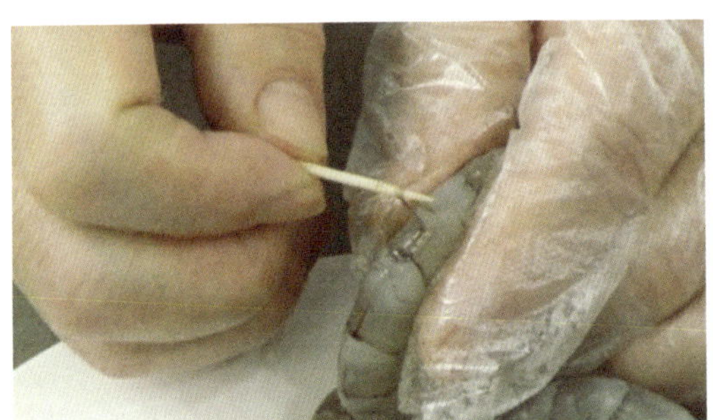

图 2-6

图 2-7

图 2-8

图 2-9

图 2-10

知否知否

虾仁上浆后用四成热油滑熟，可以保持虾肉的鲜嫩口感。

拓展思考

1. 说一说立春的养生要点。
2. 在制作熘虾仁时，如何保持虾仁鲜嫩？

雨　水

一、雨水万物始萌动

雨水，是二十四节气中的第二个节气，一般从公历 2 月 18 日至 20 日开始，到 3 月 4 日或 5 日结束。雨水节气标示着降雨开始、雨量渐增，但降雨以小雨或毛毛细雨为主，俗话说“春雨贵如油”，宝贵难得的春雨对农作物的生长非常重要。

《月令七十二候集解》：“正月中，天一生水。春始属木，然生木者必水也，故立春后继之雨水。且东风既解冻，则散而为雨矣。”雨水节气前后，万物开始萌动，春天就要到了。《逸周书》中有雨水节后“鸿雁来”“草木萌动”等物候记载。雨水节气的到来，意味着春风逐渐吹遍大地，冰雪消融，空气开始变得湿润。

二、民间有习俗

1. 宏顺梅园赏梅景

万里寻芳地，寒梅在“宏顺”。坐落在莱州市文峰路南房家村的宏顺梅园，近千棵梅树上的梅花在雨水前后竞相绽放，芳华尽展，暗香浮动，靓丽芬芳！每年一届的“莱州市梅文化节”就在此地举办，届时，梅园里

疏枝铁骨花似锦，碑刻书法力遒劲。莱州当地的戏迷票友们也会悉数登台，表演助兴，吕剧京剧宫商调，唱念做打韵无穷。春节过后，梅园是当地居民的必去之地，赏梅怡情，欢乐延续。

2.“春捂”防寒记心间

“一场春雨一场暖，十场春雨穿单衣”。进入雨水节气，北方气温虽快速回升，但如果你想穿“单衣”，还要等到“十场春雨”之后。大姑娘、小伙子可千万别耍俏皮，此时阴寒未尽，天气依然很冷，依然要“春捂”保暖。

三、时节话养生

1. 阴历三月三，荠菜煮鸡蛋

春季气候转暖，风多物燥，常会出现口舌干燥、嘴唇干裂等症状。雨水节气，应尽量少吃辛辣，多食新鲜蔬菜、水果以补充水分。这一时期值得推荐的蔬菜是荠菜。

春天的荠菜，嫩芽最为好吃，营养也最丰富。荠菜富含的维生素 C 和胡萝卜素，有助于增强呼吸道黏膜的免疫功能，增加体内维生素 C 的含量还能抗病毒，荠菜中含的橙皮甙能够消

炎抗菌，因而多吃荠菜可预防春季疾病。

荠菜——药食两用的“护生草”，在我国被食用的历史已有几千年，《诗经》中已有“谁谓荼苦，其甘如荠”的诗句，说明西周时人们就已经食用荠菜了。我国很多地方有阴历三月初三吃荠菜煮鸡蛋的习俗，有的从三月春分荠菜刚吐出嫩叶时，就开始采摘它当菜吃，说是此菜能治百病，对身体很有益处，所以称它为“护生草”。所以民谚说：“三月初三，荠菜当灵丹。”

2. 多喝养生粥

此外，“雨水”前后服用养生粥对润和脾胃大有益处，如胡萝卜南瓜粥、薏苡仁党参粥、山药红枣粥、芡实莲子粥等，都是不错的选择。

北纬 37° 食材

莱州桃花虾

莱州桃花虾，因出产于桃花盛开之时而得名，主要产于莱州渤海湾。桃花虾在莱州的春季海味中独占鳌头。它皮薄肉厚，肉质细嫩，味道鲜美，营养丰富。成熟的桃花虾呈桃红色，薄薄的外皮下蜷缩着一肚子的籽粒。整个虾看起来胀鼓鼓的，非常饱满。开春时节，桃花虾是待客上品，也是莱州人必吃的海产品。

四、美食荐新

1. 荠菜水饺

【用料】

面粉 500 克，荠菜 300 克，猪肉馅 200 克，葱末 20 克，韭菜 50 克，盐 5 克，味精 2 克，十三香 0.5 克，生抽 5 克，蚝油 10 克，花生油 50 克，香油 10 克。

【做法】

（1）面粉加水，和成面团备用。

（2）荠菜焯水过凉，挤干水分，剁成末待用；韭菜洗净，剁成末待用；肉馅加入葱末、盐、味精、十三香、蚝油、生抽调味，最后加入荠菜末、韭菜末、花生油、香油拌匀待用（见图 2-11、图 2-12）。

图 2-11

图 2-12

（3）将面团搓条，揪剂，擀皮，包馅成饺子状即可（见图 2-13）。

图 2-13

（4）沸水下锅，将荠菜饺子煮至漂浮后，再煮 3～5 分钟，熟后捞出即可（见图 2-14）。

图 2-14

知否知否

猪肉馅选用五花肉来配荠菜，口味会更好。

2. 凉拌桃花虾

熟桃花虾 150 克，青蒜 30 克，凉粉 200 克，蒜泥 10 克，盐 3 克，米醋 20 克，生抽 10 克，辣椒油 10 克，蚝油 5 克，香油少许，依口味添加白糖 3～5 克。

【做法】

（1）青蒜斜切菱形段（见图 2-15），凉粉切波浪块（见图 2-16）。

图 2-15

图 2-16

（2）凉粉中加入青蒜段、蒜泥，再依次加入白糖、盐、香油、米醋、生抽、辣椒油、蚝油拌匀，将 1/2 装入盘中，再在剩余 1/2 中加入桃花虾、拌匀装盘即成（见图 2-17）。

知否知否

1. 选用莱州湾桃花虾，季节性强，鲜美可口。
2. 凉粉选用新鲜筋道的白色凉粉为佳。

图 2-17

3. 双吃荠菜

【用料】

花生油 1 000 克，荠菜 800 克，豆腐 100 克，豆油皮 100 克，面粉 80 克，胡萝卜 30 克，鸡蛋 1 个，盐 6 克，葱 8 克，姜 6 克，鸡精 2 克，生抽 3 克，蚝油 6 克，香油 2 克，牛奶 30 克。

【做法】

（1）将荠菜切末，豆腐切小丁，胡萝卜切小丁，豆油皮切方块，葱切末，姜切末。

（2）将切好的荠菜、胡萝卜丁、豆腐丁焯水过凉。

（3）把荠菜末、胡萝卜丁、豆腐丁，加蚝油、鸡精、香油、盐调味（见图 2-18），然后卷入豆油皮中包好，放入盘中；锅中加 10 克花生油，把包好的荠菜卷煎熟（见图 2-19），装盘备用。

（4）将鸡蛋清、面粉、牛奶、荠菜末放入碗内调成稀糊（见图 2-20）；炒勺加热，倒入荠菜糊，摊成薄饼（见图 2-21），熟后出锅。

图 2-19

图 2-18

图 2-20

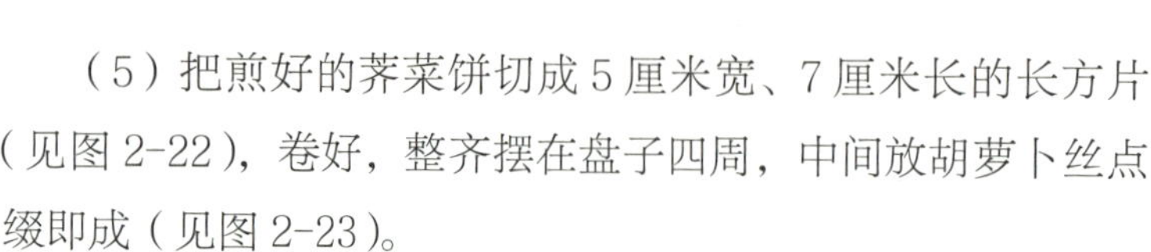

（5）把煎好的荠菜饼切成 5 厘米宽、7 厘米长的长方片（见图 2-22），卷好，整齐摆在盘子四周，中间放胡萝卜丝点缀即成（见图 2-23）。

图 2-21

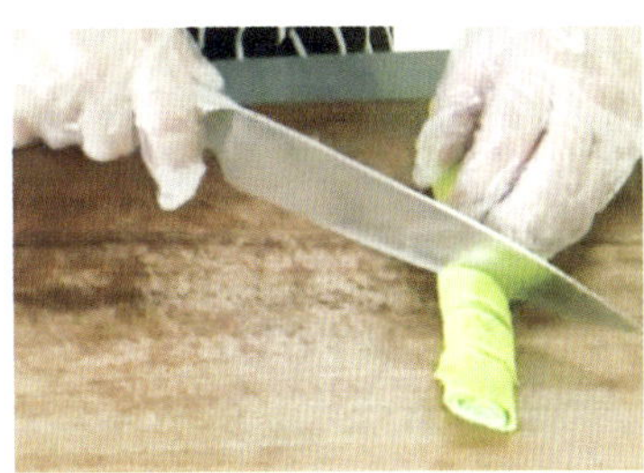

图 2-22

图 2-23

拓展思考

1. 说一说凉拌桃花虾的做法。

2. 荠菜的营养价值有哪些？

惊　蛰

一、惊蛰节气春耕始

惊蛰，又名“启蛰”，是二十四节气中的第三个节气，于公历3月5日至6日交节。《月令七十二候集解》记载：“二月节……万物出乎震，震为雷，故曰惊蛰。”惊蛰雷动，百虫“惊而出走”。实际上，昆虫是听不到雷声的，大地回春，天气变暖才是使它们结束冬眠、“惊而出走”的原因。时至惊蛰，大自然有了新的活力。

微雨众卉新，一雷惊蛰始。
田家几日闲，耕种从此起。

阳气上升，气温回暖，雨水增多，万物生机盎然。自古以来，我国人民很重视惊蛰这个节气，把它视为春耕开始的节令。唐朝诗人韦应物《观田家》诗云：“微雨众卉新，一雷惊蛰始。田家几日闲，耕种从此起。”

二、民间有习俗

1. 惊蛰驱虫

所谓“春雷惊百虫”，唤醒所有冬眠中的蛇、虫、鼠、蚁，家中的爬虫、走蚁又会应声而起，四处觅食，所以古时习俗，惊蛰当日，人们会手持清香、艾草，熏家中四角，以香味驱赶蛇、虫、蚊、鼠和霉味。

2. 惊蛰吃梨

在民间素有“惊蛰吃梨”的习俗。我们知道，因梨谐音“离”，逢年过节的时候大家忌讳吃梨。可在惊蛰这天吃梨，意味着与害虫和疾病分离，蕴藏着相当美好的寓意。惊蛰后气温升高，人们容易口干舌燥、咳嗽。而梨性寒味甘，有润肺止咳、滋阴清热的功效。这时吃梨，对身体很有滋养作用。

3. 二月二剃头

二月二在惊蛰前后，是莱州人在正月之后的第一个重大节日，丰富多彩的节日活动开始轮番上演。

“二月二，龙抬头”，虫儿们复活了，人们也精神了！二月初二，人们开始欢聚理发，剃掉蓄了一个正月的头发，精神抖擞地敬龙祈雨。

4. 二月二打粮囤

在二十世纪七八十年代，农村还留有“二月二打粮囤”的习俗。

用灶台底下的草木灰撒出一个个大大的圆圈，象征“粮囤”，一个庭院一般打上三五个圈。打好“粮囤”后，还要在“粮囤”的一旁画上梯子，梯子当然是越高越好。农民们一边撒草木灰一边真诚地念叨：“二月二，打‘粮囤’，粮满仓，钱满柜！”农家人通过打“粮囤”寄托着对庄稼丰收的美好希冀。

5. 二月二炒糕豆

节日小零食——糕豆，承载着莱州人美好的童年回忆。人们把黄豆或者糕面抟成面团，切成豆粒大小，放在锅里翻炒，“噼啪”作响，谓之“爆龙眼”，以此祈求全年风调雨顺。男女老少争相抢食炒熟的糕豆，意喻人畜无病无灾，庄稼不生害虫。

6. 二月二摊煎饼

“二月二，摊煎饼，老婆孩子一天井”，这一天，家家户户忙得不亦乐乎。煎饼，是二月二前后的主食，主妇们把加了葱花或韭末的面糊舀入热锅，转成圆形，文火慢煎，待两面上色、香味扑鼻、软糯可口时，便可出锅，凉透摞起，层层叠叠，整整齐齐，它代表了农家人层层叠叠的丰收的希望。

三、时节话养生

1. 多吃蔬菜和蛋白质，病毒不敢来

惊蛰饮食应清温平淡，最好不吃油腻、刺激性的食物，如辣椒、胡椒等也应少吃。饮食上要注意补充蛋白质，吃一些富含优质蛋白质的食品，如鸡蛋、鱼、虾、牛肉、鸡肉等，以增强机体免疫力。另外，要注意多食用维生素 A 丰富的食物。建议春季多吃富含胡萝卜素的绿色应季新鲜蔬菜，以及黑木耳、香菇等，以增强抗病毒能力。

2. 惊蛰养肝吃海蜇

惊蛰节气养生重在护肝健脾。惊蛰节气后，阳气生发，容易导致肝火旺盛，中医有“春宜养肝”之说。

这时候吃些海蜇，不仅能够有效降肝火，还能够预防高血压。海蜇的营养丰富，脂肪含量低，蛋白质和矿物质含量丰富，还含有人们饮食中所缺的碘。此外，海蜇还有扩张血管、降低血压的功效，对防治动脉粥样硬化也有一定效果。由此看来，海蜇确是一道适宜春季的药食同源的佳肴。

四、美食荐新

1. 白菜心拌海蜇

【用料】

海蜇头 150 克，白菜心 300 克，大蒜 1 头，香菜 20 克，香油 1 克，米醋 20 克，生抽 5 克，辣椒油 10 克，蚝油 3 克，盐 2 克，依口味添加白糖 3～5 克。

图 2-26

【做法】

（1）海蜇头清洗干净后，切成丝，用清水浸泡，中间换水，洗去腌渍海蜇头的盐和矾，控干水分备用（见图 2-24）。

图 2-24

（2）将白菜心切成细丝（见图 2-25），大蒜拍碎，剁成蒜末，香菜切小段备用。

图 2-25

（3）盆中依次加入蒜末、盐、白糖、米醋、生抽、辣椒油、香油、蚝油，拌匀，然后再加入白菜丝、香菜段、海蜇头丝，搅拌均匀装盘即可（见图 2-26）。

知否知否

1. 加入少许白糖，可以使海蜇头保持脆嫩。
2. 海蜇头选用的是莱州湾海蜇头，肉质更加厚实紧致。

2. 糕豆

【用料】

面粉 500 克，糖 120 克，油 40 克，鸡蛋 50 克。

【做法】

（1）面粉加入油、鸡蛋、糖、水，和成起筋面团（见图 2-27），擀成 0.5 厘米厚的薄片，切成 0.5 厘米宽的长条，再切成方丁（见图 2-28）。

（2）六成油温炸至金黄色即可（见图 2-29）。

图 2-27

图 2-28

图 2-29

知否知否

可以用牛奶代替水来和面团，糕豆会有奶香味。

3. 摊煎饼

【用料】

面粉 200 克，鸡蛋 2 个，葱 50 克，盐 2 克，香油 2 克，油 20 克。

【做法】

（1）鸡蛋打匀后，加入水和面粉拌匀，再加入葱、盐、香油拌匀成糊状待用（见图 2-30）。

（2）平底锅内留油，加热到 150 度左右，舀一勺面糊摊在锅内，转锅使其成为一张圆饼（见图 2-31），烙至双面金黄色出锅，卷成小饼，切开成两段，装盘即可（见图 2-32）。

图 2-30

图 2-31

图 2-32

知否知否

面糊中可以加入其他蔬菜，如茭瓜丝、韭菜末，根据个人喜好变换其味道。

拓展思考

1. 说一说你家乡的“惊蛰”习俗。

2. 在制作白菜心拌海蜇时，让海蜇头保持脆嫩的窍门是什么？

春　分

一、春分节气昼夜半

春分，二十四节气之一，是春季的第四个节气，于每年公历 3 月 19 日至 22 日交节。“雨霁风光，春分天气，千花百卉争明媚”，春分后，气候温和，雨水充沛，阳光和煦，越冬作物进入春季生长阶段。

“春分春分，昼夜平分”，“日月阴阳两均天”，春分当天昼夜等长，各为 12 小时；同时春分在春季（立春至立夏）三个月的正中间，也平分了春季。“吃了春分饭，一天长一线”，这天之后，北半球各地白昼开始长于黑夜。

我国四季划分的传统方法，以二十四节气中的“四立”作为四季的始点，以二分和二至作为中点。如春季以立春为始点，春分为中点，立夏为终点。

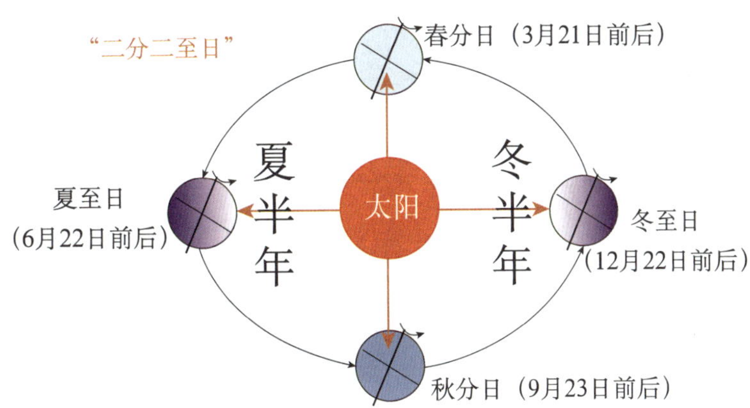

二、民间有习俗

1. 杏花村里赏杏花

“桃花开，杏花败，李子梅子长上来”，看到花开，莱州的老人们都会随口念叨这句话。

杏花村，是莱州市大基山脚下的一个小村庄，它的名字就像“桃花源”一样，给人一种世外仙境的美感想象。春分前后，杏花枝头春意闹：远看，洁白无瑕如云朵，簇拥坠入凡尘间；近看，花瓣白皙染红晕，面带娇羞无语笑。轻盈柔美的杏花，与山村粗糙斑驳的瓦楞和矮墙、细雨中斜飞的乳燕、泼墨大写意的绵延远山，共同绘就了一幅富有层次感的唯美的中国风画卷。

杏花村，是莱州的世外之地。在那儿，赏花的人们悠闲踱步，一说话脸上便漾开了“杏福花开”的笑意。

2. 漫山遍野挖野菜

苦菜，是莱州人的春季“标配”。

“春风吹，苦菜长，荒滩野地是粮仓。”春分前后，莱州人有挖野菜、吃野菜的习俗。村里的妇人们常常蒙着纱巾，提着篮子，带着小锄头，在山间、在果园、在地头，连根带叶挖野菜。苦菜蘸面酱，是莱州人喜爱的吃法，苦中带涩，涩中带甜，新鲜爽口，清凉嫩香。

3. 春分时节麦起身

“春分麦起身，一刻值千金。”初春时节，是冬小麦返青、生长、分蘖、拔节的黄金时段，这时要肥水紧跟，农忙季节就要开始了。

三、时节话养生

时令蔬菜当属韭

“春夏养阳，秋冬养阴”，饮食方面应多食时令菜，并调养肠胃。春季人体肝气偏旺，影响脾胃消化吸收功能，此时最值得一吃的蔬菜便是韭菜了。多吃春韭可增强脾胃之气，有益肝功能。韭菜在蔬菜界素有“长生草”之称，韭菜中的膳食纤维丰富，能增进胃肠蠕动，使大便通畅，预防便秘。韭菜又叫“起阳草”，性温，具有补肾、温中行气、散瘀、解毒的功效，能帮助人体提升阳气，有温补的作用。

北纬 37° 食材

莱州开冰梭

开冰梭，是指春节后渤海捕捞上来的第一批梭鱼。因为是带着海冰捕上来的，所以叫开冰梭。

梭鱼在冬季休眠，基本不吃食，因此它的肉质厚，腹内杂物也少，没有邪味，味道格外鲜美纯正。莱州民间有老话：“春天开冰梭，鲜得没法说。”此时若是来上一碗清炖梭鱼，你一定会有“不辞长作莱州人”的感慨了。

尤其珍贵的是，开冰梭仅限于立春到惊蛰之间十几天的时间，过了惊蛰，其品质和鲜味则有所下降。时令季节的开冰梭，鲜度极高，烹调中可不加白糖，保持原汁原味，也是别有清新的鲜味。

四、美食荐新

1. 清炖梭鱼

【用料】

梭鱼 1 000 克，五花肉 30 克，豆腐 100 克，葱 10 克，姜 3 克，韭菜 30 克，盐 5 克，鸡精 2 克，白胡椒粉 2 克，依口味添加白糖 1～3 克，料酒 15 克，花生油 100 克，大料 2 个，花椒 8 粒，面粉 50 克。

【做法】

（1）将梭鱼去内脏洗净，切成 2 厘米厚的块（见图 2-33），五花肉切成长方形片，豆腐切丁，葱姜切成丝，韭菜切成末。

（2）将切好的鱼块洗净，加入适量盐、白胡椒粉、料酒、葱、姜丝，抓匀入味。

（3）锅内放油，烧热后放入沾上面粉的梭鱼块，两面煎一下取出（见图 2-34）。

图 2-33

图 2-34

（4）锅内放些许花生油，先加五花肉，后加大料、花椒炒香，再加葱、姜炒香，加入料酒（见图 2-35），随即加入热水、豆腐和煎好的鱼块（见图 2-36）。

（5）煮 15 分钟后，调入少许白糖和盐，小火煮 5 分钟，出锅装盘即可（见图 2-37）。

图 2-35

图 2-36

图 2-37

2. 韭菜哈饼

【用料】

韭菜 300 克，鸡蛋 200 克，面粉 500 克，虾仁 100 克，盐 4 克，味精 2 克，生抽 20 克，花生油 50 克，香油 10 克（见图 2-38）。

【做法】

（1）面粉中加入开水揉匀成团待用（见图 2-39）。

（2）韭菜切末，加入炒好的鸡蛋碎（要凉透）、切好的虾仁和适量的调味料，拌匀待用。

（3）将面团揪成25克一个的剂子，将剂子擀成椭圆形薄皮，包入馅心（见图2-40），收紧口放入托盘。

（4）电饼铛加热至180度，锅内刷油，将哈饼放入（见图2-41），烙至金黄色即可（见图2-42）。

图2-38

图2-39

图2-40

图2-41

图2-42

拓展思考

1. 为什么有“春天开冰梭，鲜得没法说”的俗语？
2. 春季调理肠胃应多吃哪些食物？

清　明

一、清明时节雨纷纷

清明节，是春季的第五个节气，交节时间在公历 4 月 5 日前后。清明，有明洁之意。清明节，又称踏青节、祭祖节等。这一时节，冰雪消融，阳气旺盛，阴气衰退，天气清澈明朗，万物“吐故纳新”，欣欣向荣，大地呈现春和景明之象。

《月令七十二候集解》说：“三月节……物至此时，皆以洁齐而清明矣。”《淮南子·天文训》中说：“春分则雷行，音比蕤宾。加十五日指乙，则清明风至。”“清明风”，即清爽明净之风。

清明节前后之时，春光明媚，桃花初绽，杨柳泛青，莺飞草长，油菜花香，郊外野游，谓之踏青，因此，清明节又叫踏青节。

在二十四个节气中，既是节气又是节日的只有清明。

二、民间有习俗

1. 扫墓祭祖泪纷纷

清明节，是一个有着 2 500 多年历史的古老节日，也是一个寄托思念的节日，礼敬祖先，慎终追远，古已有之，至今传承。清明节是传统的重大春祭节日，也是中华民族自古以来的优良传统。

莱州人有清明前后 10 天上坟的习俗。清明假期，很多在外地工作的后人不远千里回归故乡，就是为了与亲人一起上坟祭祖。人们将祭品摆放在亲人的墓前，接着烧纸焚香，祭奠酒水，叩头礼拜，最后为坟墓培土，并将带根的草皮安置到坟顶。

2. 踏青郊游乐悠悠

“佳节清明桃李笑”“春城无处不飞花”“雨足郊原草木柔”，诗词里的清明，生机勃发。一朝春醒，万物清明，盛春已至！清明假期，正是人们亲近自然、踏青游玩的大好时节，人们常常将柳枝编成环形，戴在头上，“清明不戴柳，红颜成皓首”，可见，清明节自古就有“祈盼健康、年轻”的深刻内涵。

清明节与春节、端午节、中秋节并称为中国四大传统节日。

3. 花田百亩铺成海

莱州当地有花海。花田百亩，让城港路朱旺村成了一个绝美的村庄。朱旺村海天乐园的白菜花，被很多莱州人误认为是油菜花。黄色的小花密密匝匝，铺天盖地，如浪潮般从天边翻涌而来，如金波春水，美不胜收。花海深处，风车木屋，勾勒出浓浓的异域情调。出身凡俗的白菜花，惊艳了无数的莱州人，妖娆了沉寂的小村庄。

4. 清明春耕好时节

“清明前后，种瓜种豆”，“植树造林，莫过清明”，清明一到，气温升高，正是春耕春播的大好时节。

三、时节话养生

清明节气可多食些柔肝养肺的食品，如菠菜，利五脏、通血脉；山药，健脾补肺。

海虹，是春季里新鲜上市的美味，煎、炒、炸、炖、酱卤、蒸、焖均可，鲜美滋补。春天是吃海虹的季节，有的地方称海虹为贻贝，它的蛋白质含量远远高于鸡蛋、牛奶等食物，营养价值特别高。海虹最直接的吃法就是洗净后直接上锅蒸，保持原汁原味，若搭配一点老醋酱汁蘸着吃，也是非常不错的选择。

四、美食荐新

1. 清蒸海虹

【用料】

海虹 1 000 克，葱 6 克，姜 5 克，醋 8 克，生抽 4 克。

【做法】

（1）将海虹清洗干净（见图 2-43）。

（2）锅中加水烧开，蒸屉中倒入洗干净的海虹，盖上锅盖，中大火烧 3～5 分钟至海虹开口（见图 2-44）。

（3）葱、姜切末，倒入醋和生抽，醋和生抽的比例为 2∶1，调匀，作蘸料汁。

图 2-43

图 2-44

2. 葱肉火烧

【用料】

面粉 500 克，五花肉 250 克，葱 150 克，酵母 5 克，芝麻 20 克，泡打粉 2 克，香油 50 克，盐 3 克，味精 2 克，生抽 20 克，老抽 10 克。

【做法】

（1）面粉中加水、酵母和泡打粉，和成发酵面团待用；葱切末。

（2）馅心制作：五花肉加入盐、味精、老抽，分次加水，朝一个方向搅拌上劲，加入葱花拌匀待用（见图 2-45）。

（3）油酥制作：面粉加香油调成厚糊待用。

（4）将面团擀成长方形大薄片，抹匀油酥，卷成卷，揪剂（30 克左右），将剂子擀成圆皮，包馅；包好后按成圆饼，刷上蛋液（见图 2-46）、撒上芝麻（见图 2-47），装入烤箱。

（5）烤箱温度 190～200 度，烤至两面金黄色即可出锅（见图 2-48）。

图 2-45

图 2-46

图 2-47

图 2-48

知否知否

香油烧开后再加入面粉做油酥，会更好吃、更香。

拓展思考

1. 清明节气的习俗有哪些？
2. 制作葱肉火烧时应该如何调制馅心？

谷　雨

一、谷雨节气播五谷

谷雨，是二十四节气中的第六个节气，春季的最后一个节气。谷雨，即“雨生百谷”之意。《月令七十二候集解》中说，“三月中，自雨水后，土膏脉动，今又雨其谷于水也……盖谷以此时播种，自上而下也”，“谷雨”由此得名。谷雨节气后气温快速升高，降雨明显增多，湿度也随之逐渐加大，非常适合谷类作物的生长。“时雨乃降，五谷百果乃登”，在靠天吃饭的古代，雨水的多少，直接决定了庄稼一年的收成。

二、民间有习俗

“三月八，吃香椿”

莱州当地农村，几乎家家种香椿，每到春天，香椿树抽新枝，枝枝吐新芽。“吃香椿”，吃的是香椿芽。香椿一般分为紫椿芽、绿椿芽，尤以紫椿芽为最佳。“雨前香椿嫩如丝”，短壮肥嫩的紫椿芽，醇香爽口，营养价值极高。

早春时节的集市上，一指长的香椿芽色泽红紫，叶梗油亮，被粗粗的草绳齐整整地捆起来。其香味浓郁，鲜嫩诱人，这可是时令的稀罕菜，莱州当地香椿芽的价格也常常高得令人咋舌。香椿芽营养之丰富远高于其他蔬菜，为宴宾之名贵佳肴。香椿含有丰富的维生素 C、胡萝卜素等，可以增强机体免疫功能，润滑肌肤。所含的维生素 C 等还有抗氧化作用和抗癌功效。香椿含有维生素 E 和性激素物质，有抗衰老和补阳滋阴的作用。

香椿被称为“树上的蔬菜”，吃香椿芽，吃的是“春天的味道”。

三、时节话养生

“四月吃豆胜过肉”

谷雨过后，天气转温，室外活动增加，在饮食上应注意高蛋白质、高热量食物的摄入。

在这春夏之际，最该吃的就是各类豆子及豆制品了。豆子富含蛋白质，也是维生素、矿物质和膳食纤维的储藏室，春季品尝正是鲜嫩美味时。

北纬 37° 食材

卸甲庵豆腐

卸甲庵村始建于唐末宋初，至今约有 1 000 年的历史。五代时期，赵匡胤起兵争霸天下，率军作战到此，落脚凤凰山下日照庵，卸甲休息，这就是“卸甲庵”村名的来历。

卸甲庵的凤凰山泉水呈弱碱性，甘洌清甜，富含各种矿物质，自古远近闻名。由此制成的卸甲庵豆腐、黄酒、白酒烧锅更是山村的一大特色，特别是卸甲庵豆腐，它已成为当地饭庄酒楼的招牌菜。目前卸甲庵的卤水豆腐正在申请非物质文化遗产。

卤水豆腐亦称水豆腐，晶莹剔透、口感绵软嫩滑，含津生香。简简单单的豆腐，能做出令人称道的豆腐菜：凉拌豆腐、麻辣豆腐、红烧豆腐、松肉炖豆腐、花蛤蜊炖豆腐。花样繁多，色泽鲜明，百吃不厌。

卸甲庵村的村居，室内、室外墙壁上或写、或画全都是有关豆腐的起源、制作工艺流程、营养简介等内容，让这个小山村充满了浓厚的豆腐文化气息。

四、美食荐新

香椿拌豆腐

【用料】

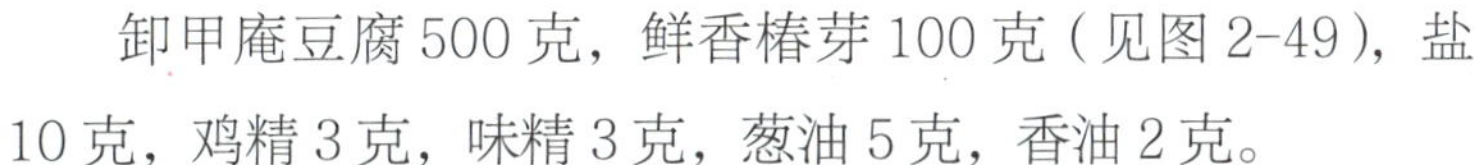
卸甲庵豆腐 500 克，鲜香椿芽 100 克（见图 2-49），盐 10 克，鸡精 3 克，味精 3 克，葱油 5 克，香油 2 克。

【做法】

（1）将豆腐切成 1 厘米见方的丁，锅中加水烧开（见图 2-50），加入盐，将豆腐丁放开水中烫去豆腥味，捞出，凉水过凉，沥去水分备用。

（2）将香椿芽用开水焯一下，然后用凉水过凉，沥去水分，切成末。

图 2-49

图 2-50

（3）盆中放入豆腐丁、香椿末（见图 2-51），然后依次加入盐、鸡精、味精、葱油、香油，拌匀装盘即可（见图 2-52）。

图 2-51

图 2-52

拓展思考

1. 香椿的营养价值有哪些？

2. 制作香椿拌豆腐时，怎样去除豆腐的豆腥味？

第三篇　夏之恋

春雨惊春清谷天

夏满芒夏暑相连

秋处露秋寒霜降

冬雪雪冬小大寒

立　夏

一、立夏万物皆长大

立夏，是二十四节气中的第七个节气，也是夏季的第一个节气，交节时间为每年公历 5 月 5 日至 7 日。“立夏”的“夏”是“大”的意思，是指春天播种的植物已经直立长大了。《历书》记载：“斗指东南，维为立夏，万物至此皆长大，故名立夏也。”立夏是标示着万物进入旺盛生长的一个重要节气。立夏后，日照增加，温度升高，雷雨增多，农作物开始茁壮成长，万物繁茂，生机盎然。

二、民间有习俗

1. 针梁鱼与钓鱼神

莱州民间有“过鱼市”的说法，每年五月中下旬前后，是针梁鱼上市的季节，家家户户都要至少吃一次，谓之“过鱼市”，说是吃过此鱼后，全年不得病。

针梁鱼，又称箴鱼。《山海经》记载：“状如儵，其喙如针，食之无瘦疾。”清郝懿行《山海经笺疏》注曰：“今登莱海中有箴梁鱼，碧色而长，其骨亦碧，其喙如箴，以此得名。”

相传唐代贤相杜如晦的儿子杜构在登州（今莱州）海域剿匪时，左腿的一条筋被针梁鱼嘴戳断。杜构养伤期间听说，凶猛的针梁鱼吓跑海中百鱼，而针梁鱼又难网难钓，致使渔民无鱼可钓，三四个月没有收入，日子过得很艰难。

同年，杜构上书皇上李世民，说腿伤致残，不宜为官。后择海建房而居，其住处便是今莱州城北大原杜家村。

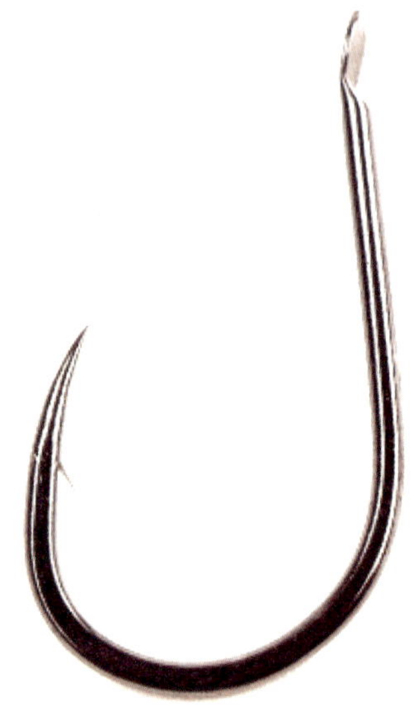

杜构走访渔民，总结针梁鱼的活动规律，发现针梁鱼吃饵后会“吐钩”，就请工匠制作了带“倒刺”的鱼钩。他拿着这种鱼钩到海上一实验，果然，针梁鱼吃饵吐钩时，嘴被“倒刺”扎住，这样便可乖乖地被钓上来了。

因为针梁鱼肉质鲜美，又有“食者无疫疾”的功效，鱼贩们找杜构争着买针梁鱼，后来杜构把这个办法教给渔民们，使这儿的渔民不再受贫困之苦。

东莱刺史为杜构请功，李世民看罢奏章，赞他“心系百姓，有其父之风”。又载：宋太祖浪迹天下时，在东莱听到了杜构的故事，开宝六年（公元 973 年）他派郑子明到东莱监修东海神庙，特别嘱咐要为杜构建一座“钓鱼神庙”，并说杜构应该得到天下人的尊重。郑子明按旨意为杜构建了庙，从此，杜构被百姓奉为“钓鱼神”。

2. 五月槐花香满山

“槐林五月漾琼花，郁郁芬芳醉万家。”五月的莱州，槐香四溢，大小山峰，槐林遍布。大基山、文峰山、牛蹄山、马山，是人们日常健身游玩的好去处，也是“撸槐花”的好地方。

槐花，莱州当地人也叫“洋槐花”，洁白素雅的蝶形小花，排列成一串串的花穗，在高高的枝头簇拥悬垂。山间槐林密布，槐花盛放似千山暮雪，莹白高洁。

过去，“撸槐花”是很多半大小子的乐事绝活，鞋子一脱，光着脚丫，手脚并用，动作麻利，眨眼间便能爬到树干的枝丫间。吃起槐花来更是豪爽，把槐花串从头到尾一撸，塞满嘴，大口嚼，最后把剩下的一根光溜溜的嫩梗随手甩向半山腰。吃完后，满嘴留香，心满意足。

最值得一去的应该是莱州第一峰——胡家顶。胡家顶西侧，有一个鹰山大峡谷，山崖陡峭，怪石峥嵘。相传，春秋战国时，范蠡逃到齐国海滨隐居后，感觉不安全，曾寻至此处的一个山洞，隐居多年。这个传说不禁使人浮想联翩：范蠡肯定也吃过这里的槐花吧？这里的槐花肯定格外香甜吧？

三、时节话养生

1. 饮食应清淡，养心又凉血

春夏养阳，养阳重在养心，可以多喝牛奶、多吃豆制品等。

食补要凉血，立夏吃槐花，再合适不过了。槐花不仅凉血止血，对高血脂、高血压患者也大有裨益。

另外，每顿饭不要过饱，给胃留下足够的蠕动空间。避免贪凉，不用或适度使用空调和风扇。清晨可食葱头少许，晚饭宜饮红酒少量，以畅通气血。

2. “山有鹧鸪獐，海里马鲛鲳”

胶东半岛盛产山珍海味，其中的“海味”马鲛，便是我们说的鲅鱼（蓝点马鲛）。鲅鱼蛋白质含量高达21.2%，而脂肪含量低至3.1%，和一般纯牛奶的脂肪含量相当。每年4月至6月，正值春汛当头，成群结队的鲅鱼一路北上，从南海、东海穿越长江口，进入黄渤海域，青岛、莱州的餐桌上便多出了一道道与之相关的佳肴。莱州湾盛产的鲅鱼，格外鲜嫩可口，肉质本身就鲜中带有甜味，“回甘”也是莱菜海鲜食材的独特之处。

北纬37°食材

针梁鱼，在民间也被称为“梁鱼”或“针良鱼”，5月份至6月份是盛产期。渤海盛产的针梁鱼生长周期长，肉质更为细嫩，营养更为丰富，用莱菜特色做法烹制后，鲜香肥美。针梁鱼虽鲜美，却多刺，吃它时要格外小心。

除味道鲜美外，针梁鱼还有补钙壮骨、强壮身体、健脑益智、预防高血糖的功效。

四、美食荐新

1. 鲅鱼鱼丸汤

【用料】

鲅鱼500克，肥肉60克，蛋清30克，葱10克，姜3克，韭菜30克，花椒8粒，枸杞6粒，盐5克，醋2克，鸡精3克，白胡椒粉3克，依口味添加白糖1～3克，料酒8克。

【做法】

（1）将葱、姜切碎，加入花椒、料酒、醋、白糖、枸杞泡水备用；韭菜切末；将鲅鱼去内脏洗净，片开，剔下肉（见图3-1），用刀碾压成糜（见图3-2）备用。

图 3-1

图 3-2

图 3-3

图 3-4

（2）将肥肉剁成泥状，加入鲅鱼肉、蛋清，搅拌均匀，再加入盐和鸡精，分三次加入泡好的花椒水（见图 3-3），搅拌上劲备用。

（3）锅内加适量的水，加热到水底开始冒小泡，把搅好的鱼糜做成直径 2 厘米左右的鱼丸，下入清汤中（见图 3-4），保持水不沸腾，去掉浮沫。

（4）在汤中加入料酒、盐、白糖、鸡精调味。

（5）调好味后加入白胡椒粉、枸杞和韭菜末，装入汤碗中即成（见图 3-5）。

图 3-5

知否知否

碾压鱼肉时，要少量多次，肉糜才会更细腻。

2. 煎焖针梁鱼

【用料】

针梁鱼 500 克，小葱 5 根，鸡蛋两个，面粉 20 克、大葱段 50 克，姜片 5 克，盐 5 克，料酒 10 克，生抽 8 克，醋 10 克，鸡精 3 克。

【做法】

（1）将针梁鱼去鳞、腮，在鱼身上改间距很小的柳叶花刀，然后在尾部肛门前 1 厘米切断，另外在头部后面切断，将内脏挤出。

（2）将鱼顺刺改成 8 厘米段（见图 3-6），加姜片、盐、料酒腌制 30 分钟（见图 3-7）。

（3）鱼段拍面粉拖蛋液，入热油锅煎至两面金黄（见图 3-8）。

（4）将小葱切成 4 厘米的段。

（5）锅中爆大葱段，加水、鱼、料酒、生抽、醋，开锅转小火焖 20 分钟（见图 3-9）。

（6）将小葱撒到鱼段上面，开大火收汁，装盘即成（见图 3-10）。

图 3-6

图 3-7

图 3-8

图 3-9

图 3-10

知否知否

挑选针梁鱼，鱼鳃红的最新鲜。

3. 花开富贵

【用料】

豆腐皮 150 克，黄瓜 50 克，胡萝卜 10 克，香椿芽 10 克、香菜 10 克，蒜末 20 克，盐 2 克，白糖 5 克，米醋 10 克，蚝油 5 克，老抽 5 克，芝麻辣椒油 10 克。

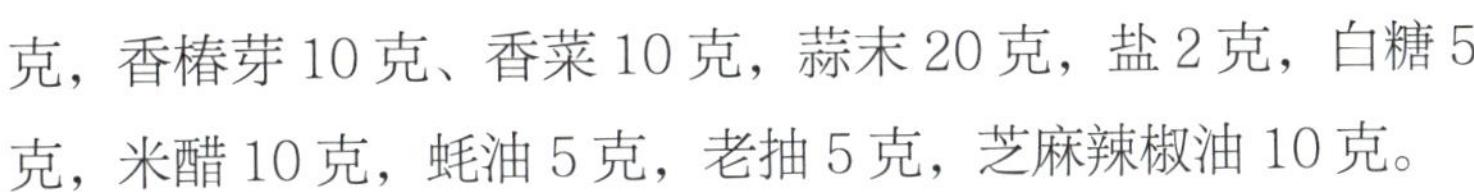

【做法】

（1）将豆腐皮放入热水中烫 15 秒，晾凉后切成花刀。

（2）胡萝卜切细丝，黄瓜切连刀片（见图 3-11）。

（3）用豆腐皮卷上胡萝卜丝、香椿芽，整理花型（见图 3-12）。

（4）黄瓜在盘中摆成叶子状备用（见图 3-13）。

（5）制作调味汁：小碗中加入香菜、蒜末、盐、白糖、米醋、蚝油、老抽、芝麻辣椒油混合均匀，供蘸食（见图 3-14）。

图 3-11

图 3-12

图 3-13

图 3-14

4. 槐花粽子

【用料】

糯米 500 克，绿豆 100 克，红豆 100 克，槐花 200 克，粽叶 1 包，红枣 20 个，白糖 250 克，蜂蜜 100 克。

【做法】

（1）将糯米、绿豆、红豆和粽叶加水浸泡 4 小时，取出后将绿豆、红豆加入糯米中拌匀（见图 3-15）。

图 3-15

（2）槐花中加入白糖和蜂蜜拌匀备用（见图 3-16）。

图 3-16

（3）包粽子：将粽叶卷成漏斗形，加糯米、红枣，再加槐花，最后包成小枕头形，用红线缠好（见图 3-17）。

图 3-17

（4）将粽子放入锅内，加水大火烧开，转小火煮 90 分钟即成（见图 3-18）。

图 3-18

拓展思考

1. 讲一讲有关针梁鱼的传说。

2. 鲅鱼的营养价值有哪些？你还能做出哪些鲅鱼菜肴？

小　满

一、小满节气江河满

小满是二十四节气中的第八个节气，也是夏季的第二个节气，交节时间为每年 5 月 20 日至 22 日。《月令七十二候集解》中记载：“四月中，小满者，物至于此小得盈满。”小满，夏熟作物的籽粒开始饱满，但还未成熟，只是小满，还未大满。同时，小满还意味着降雨量大的气候特征：“小满小满，江河渐满。”农家在庄稼的小满里憧憬着夏收的殷实。

“最好的人生是‘小满’，花未全开月未圆”，小满是节气，也是中国人的生活智慧。

二、民间有习俗

月季仙子降人间

小满前后，月季花开夏满城，莱州人迎来每年一届的月季花节（5 月 25 日）。

莱州的各大公园，中华月季园、掖县公园、科技广场等，花波汹涌，人头攒动。早晚空闲时，男女老幼相约游园赏花，热闹非凡。

关于莱州的月季花，有一个美丽的传说。相传管理月季花的月季仙子，某日携月季花篮去天庭赴宴，途经莱州，发现此处山清水秀、百鸟争鸣，不禁降下祥云欣赏一番。恰巧遇到一位莱州小伙，英俊憨厚，双目有神，仙子放下花篮跟小伙畅聊，聊了半日才发觉已误了王母娘娘的盛宴，转身拿起花篮要走，才发现月季花已经生根发芽长进了土里。仙子不忍掐断，只能上天负罪。王母知道后很生气，把月季仙子贬下凡间，发配莱州，谁知正中仙子下怀。仙子回到莱州找到小伙，两人甜蜜一生，并把月季花和种植技术传了下来。

现在，月季仙子的大理石雕像就在中华月季园内，“她”手持花篮，驾云而来，姿态翩跹，成为园内的一大景观。中华月季园，是中国目前月季品种最全、规模最大的生态月季园，也是中国欣赏月季的绝佳地点。

三、时节话养生

小满见三鲜，樱桃最稀罕

“樱桃最稀罕”，一是因为“樱桃好吃树难栽”，二是因为樱桃的保鲜期很短，三是因为樱桃有“美容果”的美誉，铁含量很高，位于各种水果之首。常食樱桃可补充铁元素，促进血红蛋白生成，既可防治缺铁性贫血，又可增强体质，健脑益

智，还能够让皮肤更加光滑润泽，中医称它能“滋润皮肤”，“令人好颜色”。

四、美食荐新

1. 樱桃肉

【用料】

五花肉 250 克，樱桃 100 克，鸡蛋 1 个，葱 8 克，姜 5 克，蒜 8 克，花生油 500 克，淀粉 20 克，盐 2 克，白糖 10 克，白醋 3 克，老抽 5 克，料酒 10 克。

【做法】

（1）樱桃去核加入白糖腌制备用；将葱、姜、蒜切末，五花肉切成 1 厘米厚的片，打上花刀，再切成 1 厘米的方丁（见图 3-19），加盐、料酒入味 10 分钟（见图 3-20）。

（2）将蛋黄、淀粉调成糊，倒入腌渍好的肉丁（见图 3-21）。

（3）锅中加花生油，把挂好糊的肉丁放入七成热的油中（见图 3-22），炸至微黄捞出，复炸至金黄色（见图 3-23），捞出控油。

（4）另起锅加底油，加入葱、姜、蒜末爆锅，加入少许老抽、腌的樱桃水、白糖、白醋，烧开，加水淀粉勾芡。

（5）加入樱桃和肉丁，快速翻炒几下，装盘即成。

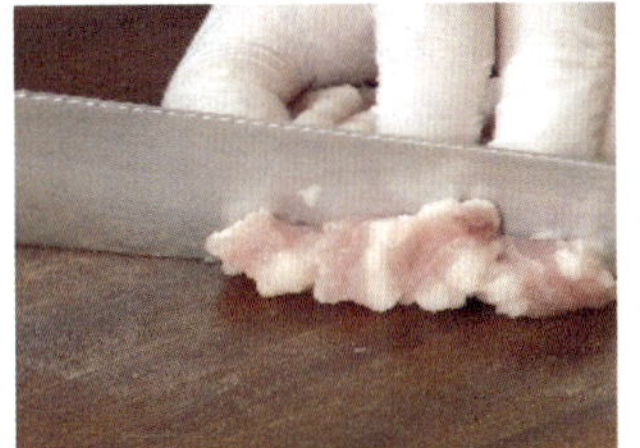

图 3-19

图 3-20

图 3-21

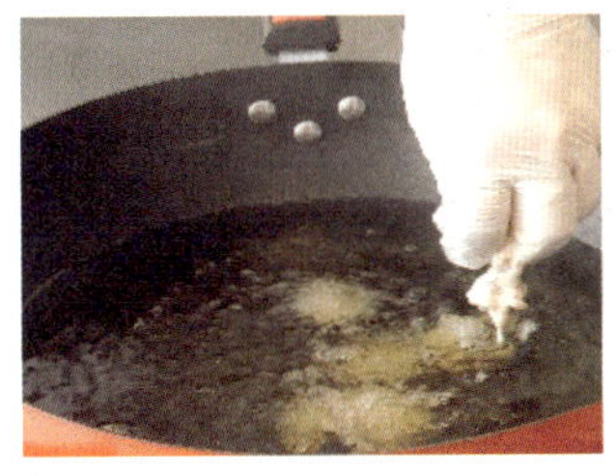

图 3-22

图 3-23

2. 蜜汁樱桃

【用料】

樱桃 500 克，烤好的蛋挞皮 6 个，樱桃叶 6 片，樱桃梗 8 个，盐 2 克，冰糖 30 克，蜂蜜 30 克，白砂糖 30 克（见图 3-24）。

图 3-24

【做法】

（1）将樱桃洗净（见图 3-25），去梗去核，加盐放在清水中浸泡 10 分钟，捞出后加入白砂糖再腌 10 分钟。

图 3-25

（2）把冰糖和腌好的樱桃加入锅内，倒入清水，大火烧开，小火熬制 20 分钟左右，等水浓稠后，关火（见图 3-26）。

图 3-26

（3）将熬好的樱桃取出，倒入蜂蜜，装入蛋挞皮（见图 3-27），淋上樱桃汁，再用樱桃叶与樱桃梗加以点缀即成（见图 3-28）。

图 3-27

知否知否

选樱桃时应注意，选择连有果蒂、色泽光艳、表皮饱满无凹陷的。

图 3-28

3. 蘸酱菜

【用料】

水果黄瓜 150 克，小葱 150 克，水萝卜 150 克，甜面酱 100 克，豆瓣酱 100 克，辣椒酱 100 克，大虾酱 100 克，蜢子虾酱 100 克。

【做法】

（1）将水果黄瓜、水萝卜洗净，小葱洗净沥水，理顺。

图 3-29

（2）将水果黄瓜、水萝卜切成 1 厘米见方粗细的长条。

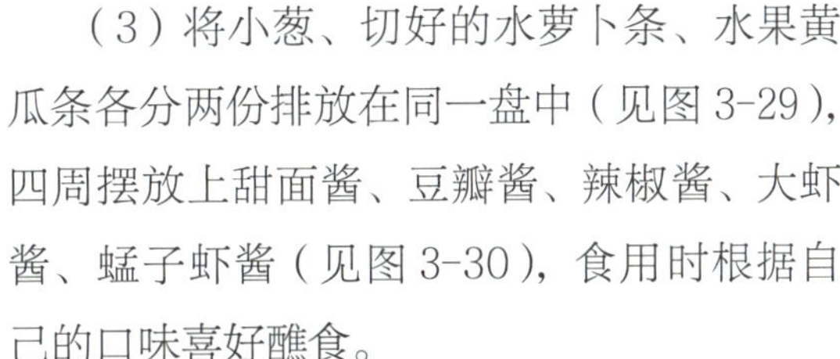

（3）将小葱、切好的水萝卜条、水果黄瓜条各分两份排放在同一盘中（见图 3-29），四周摆放上甜面酱、豆瓣酱、辣椒酱、大虾酱、蜢子虾酱（见图 3-30），食用时根据自己的口味喜好蘸食。

图 3-30

4. 水果粽

【用料】

糯米 1 000 克，黄桃罐头 250 克，樱桃 500 克，蜂蜜 100 克，白糖 200 克，粽叶 1 包。

【做法】

（1）将糯米和粽叶加水浸泡 4 小时。

（2）樱桃中加入白糖和蜂蜜拌匀腌渍备用（见图 3-31）。

（3）黄桃切成 1.5 厘米见方的小块。

（4）包粽子：先将粽叶卷成漏斗形，加糯米，再加黄桃和樱桃（见图 3-32），最后加糯米包成小枕头形，用红线缠好。

图 3-31

图 3-32

（5）将粽子放入锅内，加水大火烧开，转小火煮 90 分钟即可。

拓展思考

1. 说一说与粽子有关的故事。

2. 樱桃有哪些营养价值？

芒　种

一、芒种种忙麦上场

芒种又名“忙种”，是二十四节气中的第九个节气，夏季的第三个节气，于每年公历 6 月 5 日至 7 日交节。芒种，是“有芒之谷类作物可种”的意思。

古语有云：“斗指巳为芒种，此时可种有芒之谷，过此即失效，故名芒种也。”意思是讲，芒种节气适合种植有芒的谷类作物，此时也是种植农作物时机的分界点，过此即失效。

二、民间有习俗

1. 芒种时节，忙忙忙

“芒种三日见麦茬”“芒种忙，麦上场”“芒种芒种，连收带种”“芒种不种，再种无用”等民谚俗语无一不在体现农家人的忙碌，抢收抢种是这个时节的突出特点。莱州人在这个时节，抢收小麦，然后种玉米，之后种花生。平时安静的农村开始热闹起来了。

玉米和花生，是莱州的两大农作物。苞米（即玉米）面稀饭是每家每户每天的桌上饭，代代相传，百吃不厌，麦收后正是玉米下种的最好时机。花生，又名“长寿果”。花生油，是莱州人的主要食用油。近几年随着人们生活水平的提高和健康意识的增强，玉米油、橄榄油开始进入人们的日常生活。种完玉米后，家家户户开始“点花生”，即种花生，此时，田间垄上，一片繁忙景象。

莱州能有“中国长寿之乡”的美誉，玉米和花生“功”不可没。

2. 芒种时节送花神

芒种过后，群芳摇落，花神退位，人世间要隆重地为她饯行，以示感激。

《红楼梦》在第二十七回中有送花神的描写：“(大观园中)那些女孩子们，或用花瓣柳枝编成轿马的，或用绫锦纱罗叠成千旄旌幢的，都用彩线系了。每一颗树上，每一枝花上，都系了这些物事……”这个为花神饯行的场面，充满了浓郁的民俗意味。

莱州人送花神可到虎头崖镇的百士通玫瑰庄园，这个小镇因绵延的玫瑰花海而变得风情万种，也会因无数人的到访而更加闪耀。

三、时节话养生

减酸增苦，黄瓜防暑

芒种时节，我们依然需要能够生津止渴的饮食。记得要“减酸增苦”，掌握好低盐、多饮、清热、淡软的原则。夏季对人体最重要的影响是暑湿，暑湿侵入人体后会导致毛孔张开，出汗过多不但会造成气虚，还会引起脾胃功能失调、消化不良。

适当摄入凉性蔬菜有利于生津止渴、除烦解暑、清热泻火、排毒通便。黄瓜就是凉性蔬菜中的代表，它含水量高，又兼具高钾低钠的特点，适合夏天人们大量出汗后补充水分及流失的无机盐。对于炎热的夏季来说，黄瓜无疑是最好的防暑“神器”。

四、美食荐新

1. 火燎青鳞鱼

【用料】

干青鳞鱼 10 条，盐少许，铁线若干条，麦秸草若干把。

【做法】

（1）干青鳞鱼用铁线穿串，用麦秸草烧烤（见图 3-33）。

（2）等鱼身两面都烤至金黄色、翘鳞，即可食用（见图 3-34）。

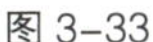

图 3-33

图 3-34

知否知否

1. 自己动手制作干青鳞鱼：先将新鲜的青鳞鱼用盐腌一下，一般是 1 千克鱼放 20～30 克盐，腌 5～6 小时，腌好后，进行晾晒。

2. 食用时搭配玉米面饼子，口感更好。

2. 油爆海螺

【用料】

大海螺 900 克，菜心 50 克，木耳 30 克，玉兰片（笋片）10 克，指段葱 8 克，蒜 6 克，花生油 500 克，盐 5 克，味精 2 克，胡椒粉 2 克，湿淀粉 10 克，料酒 8 克，花椒油 3 克。

【做法】

图 3-35

图 3-36

（1）大海螺取肉，片成大片，洗净备用（见图 3-35 至图 3-37）。

（2）将指段葱和蒜切成片，菜心、木耳、玉兰片焯水备用（见图 3-38）。

（3）螺片滑油捞出。

（4）葱片、蒜片爆锅，烹料酒。

（5）锅中加入菜心、木耳、玉兰片、螺片炒制（见图 3-39）。

（6）加少许汤汁，加入盐、味精、胡椒粉调味，加入湿淀粉进行勾芡，淋花椒油迅速翻匀，装盘即可（见图 3-40）。

图 3-37

图 3-38

图 3-39

图 3-40

知否知否

海螺要想嫩，滑油要快，爆炒时更要快。

3. 响油黄瓜

【用料】

水果黄瓜2根，姜末5克，蒜末5克，香油3克，盐3克，糖5克，米醋8克，花生米若干，辣椒碎5克。

【做法】

图3-41

图3-42

（1）将水果黄瓜洗净，用削皮器刮成片状（见图3-41），分别卷成卷码盘。

（2）把香油、盐、糖、米醋放一起搅拌均匀。

（3）把调好的汁淋在黄瓜卷的上面。

（4）在码好盘的黄瓜上放上花生米、姜末、蒜末、辣椒碎（见图3-42），烧热油一浇即成（见图3-43）。

图3-43

4. 鲜虾肉粽

【用料】

糯米 1 000 克，活虾 500 克，五花肉 250 克，粽叶 1 包，姜、蒜各 10 克，蚝油 30 克，盐 30 克，糖 50 克，老抽 35 克，料酒 15 克。

【做法】

（1）将糯米和粽叶加水浸泡 4 小时。

（2）将五花肉切成 1 厘米厚片，加入盐、糖、老抽、蚝油（见图 3-44），腌渍 30 分钟；将姜切成丝，蒜切成片。

（3）虾去壳（见图 3-45），去虾线，加入姜丝、蒜片、料酒、老抽腌渍入味。

（4）将泡过的糯米倒入老抽、糖、盐，搅拌均匀。

（5）包粽子：将粽叶卷成漏斗形，放入糯米、肉片、虾仁，再加糯米（见图 3-46），包成小枕头形，用红线缠好。

（6）将粽子放入锅内，加水大火烧开，转小火煮 90 分钟，捞出即可食用（见图 3-47）。

图 3-44

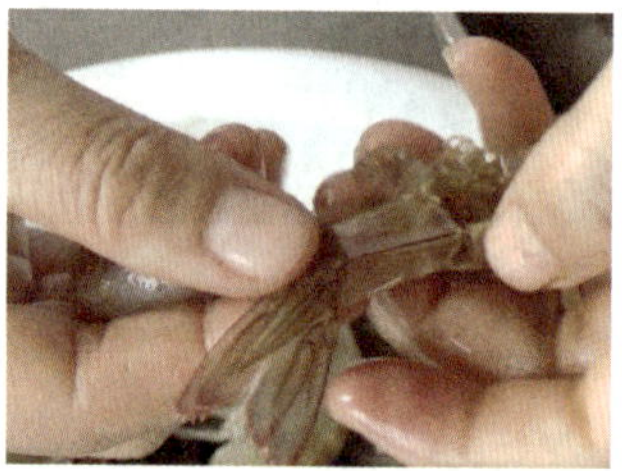

图 3-45

图 3-46

图 3-47

拓展思考

1. 说一说关于青鳞鱼的故事。

2. 适合芒种节气的饮食有哪些？

夏 至

一、夏至节气昼最长

夏至，古时又称“夏节”“夏至节”，是二十四节气中的第十个节气，一般在公历6月21日至22日交节。古人说：“日长之至，日影短至，至者，极也，故曰夏至。”

夏至这天，太阳直射北回归线，此时北半球各地的白昼时间达到全年最长，且纬度越高白昼越长。对于北回归线及其以北的地区来说，夏至日也是一年中正午太阳高度角最大的一天。

二、民间有习俗

1. 三伏天夏至始

俗话说“热在三伏”“夏至三庚数头伏”，真正的暑热天气是从夏至开始的，一直要延续到立秋。

“夏至到，鹿角解，蝉始鸣，半夏生，木槿荣。”正如《礼记》中记载的一样，蝉儿们开始拖着嘹亮的长音在莱州的大街小巷、田野山间自由吟唱，一蝉起唱，众蝉齐鸣，用激情奏响整个夏天。在二十世纪七八十年代，夏天的农村是孩子们梦中的天堂，男孩子们顶着烈日，扛着竹竿，三五成群，嬉笑打闹，开始了他们的夏季行动——“捕蝉”。欢噪的夏季会唤醒每个成年人关于蝉的记忆。

2. 夏至日吃面条

“冬至饺子夏至面”，新麦收获，用新磨的面粉来做“入伏面”，庆丰收。据说先人们夏至吃热面，是为了“驱邪”，即用多出汗的方法来祛除身体内滞留的潮气和暑气，如今制作的营养丰富的各种面条仍是老百姓最爱的消夏食品。

“吃过夏至面，一天短一线”，夏至这一天夜间最短，白天最长。过完夏至，白天就一天比一天短，也就是人们常说的“长到夏至，短到冬至”。

知否知否

从夏至后第三个庚日算起，初伏为 10 天，中伏为 10 天或 20 天，末伏为 10 天。

三、时节话养生

多吃苦瓜泄暑热

夏季宜多食用苦味，甜的、咸的要减少，多食用排毒降火、生津止渴的食物。夏至时节清泄暑热，要多吃“苦”，当然苦瓜是首选。苦瓜的苦味是降火的利器，而且苦瓜含有生物碱、尿素类等物质，夏季食用对身体大有裨益。苦瓜具有清热利湿、平肝凉血的作用，对咳嗽多痰、牙痛、眼肿者有较好的辅助疗效，还可降低胆固醇和血压。

四、美食荐新

1. 虾仁肉糜酿苦瓜

【用料】

苦瓜 200 克，带壳大虾 200 克，五花肉 200 克，鸡蛋 1 个，胡萝卜 100 克，葱 8 克，姜 6 克，盐 5 克，淀粉 20 克，

料酒 10 克，老抽 3 克，蚝油 5 克，鸡精 3 克，花生油 8 克。

【做法】

（1）将虾去头去皮去虾线（见图 3-48），留虾尾切下。虾肉切小块，五花肉切小块（见图 3-49）。苦瓜切成 4 厘米段，去掉瓤。胡萝卜切成 0.3 厘米厚的片，葱姜切末。

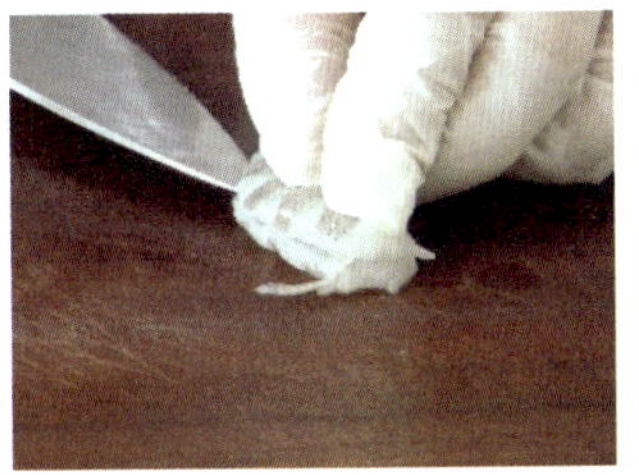
图 3-48

图 3-49

（2）把切好的肉块、虾块放料理机中，加入料酒、老抽、蚝油、盐、鸡精、蛋液、葱姜、适量清水搅打成糜。

（3）锅中加水，加适量花生油烧开，放入苦瓜段（见图 3-50）。胡萝卜片焯水过凉。在苦瓜中间放入虾肉糜（见图 3-51），上面插上虾尾，放在胡萝卜片上，摆好放盘中（见图 3-52）。放入上汽蒸锅中蒸 8 分钟即熟。

（4）另起锅加底油，加入葱姜末爆锅，放料酒烹锅，加清水、盐、鸡精，水开用淀粉勾薄芡，浇在苦瓜虾仁上即成（见图 3-53）。

图 3-50

图 3-51

图 3-52

图 3-53

知否知否

肉糜加料酒要分三次加入，每次少量，便于肉糜充分入味。

2. 煎苦瓜鸡蛋卷

【用料】

苦瓜 150g，鸡蛋 8 个，胡萝卜 30 克，白糖 15 克，盐 5 克，鸡精 2 克，料酒 10 克，花生油 20 克。

【做法】

（1）将苦瓜切开去掉瓤（见图 3-54），切成片（见图 3-55），放入盘中。加入少许盐，腌 5 分钟，挤出水分，放料理机加适量清水打成糊状。

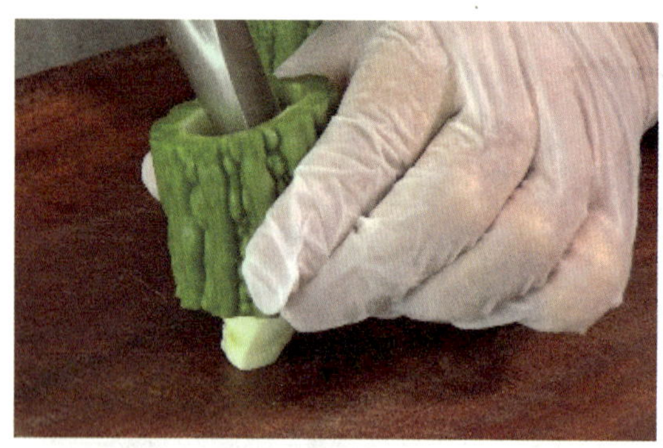

图 3-54

图 3-55

（2）将胡萝卜切成 10 厘米长、0.5 厘米粗的条；将鸡蛋打开，蛋清和蛋黄分离；分别加入苦瓜糊、盐、白糖、鸡精、料酒，搅拌成糊状备用（见图 3-56）。

（3）起锅烧热，加适量底油，把搅好的蛋白苦瓜液和蛋黄苦瓜液分别煎成苦瓜饼（见图 3-57）。

（4）将胡萝卜条焯水过凉，然后放在煎好的蛋白、蛋黄苦瓜饼上卷起来。

（5）把卷好的苦瓜鸡蛋饼切成 4 厘米长的卷（见图 3-58），放在盘中即成。

图 3–56

图 3–57

图 3–58

知否知否

苦瓜具有一定的抗癌和降血糖的作用。

拓展思考

1. 说一说与夏至有关的民间习俗。

2. 夏至到来，为什么要多食用苦瓜？

小　暑

一、小暑节气天渐热

小暑，是二十四节气中的第十一个节气，于每年公历7月6日至8日交节。暑，是炎热的意思，小暑意为小热，还不十分热，即指天气开始变炎热，但还没到最热。

小暑虽不是一年中最炎热的节气，但紧接其后就是一年中最热的节气大暑，民间有“小暑大暑，上蒸下煮”之说。我国多地自小暑起进入雷暴最多的时节。

二、民间有习俗

1. 莱州避暑去处多

小暑到了，人们的避暑计划也开始了。

渤海湾环抱中的莱州，枕山负海，是天然的避暑佳地。众多的河流、绵长的海岸线、密布的港湾，还有高矮适宜的小山，都为避暑提供了优越的条件。大基山附近的颐和山庄、饮马池水库，云峰山脚下的神仙洞、临疃河水库，文峰桥下的南洋河，水源丰富的王河，三山岛的金沙滩——这些都是莱州人常去不厌的纳凉地。

人们常说：“青山增人寿，碧水悦人情。”长寿的莱州人，懂得生活、热爱生活，更有热情好客的实在劲儿。如果你酷暑难耐，要找避暑之地，那就到莱州寻一处心仪之地吧。住上十

天半月，你将不舍离开。

2. 王河的传说

夏季的王河两岸，因清爽舒适，从不缺少热闹。附近的村民常在河边洗衣、纳凉，但很少有人知道王河的“王”真的与皇帝有关。

王河发源于招远塔山，流入莱州后汇入东南山区，若干支流流入三元白云洞水库，再流向下游，经驿道镇、平里店镇到三山岛村南入渤海湾。

听一听王河边上的罗台村里的一些长者的顺口溜：“王河长，王河远，万岁河名起在罗台疃（方言音 tǎn）。”

王河，别称“万岁河”，得名于莱州市平里店镇罗台村，源于两千多年前汉武帝为民求雨的活动。相传汉武帝听说东莱（今莱州）有位叫安期生的神人，就于元封二年（公元前 109 年）春，亲临东莱寻找此人。此时，适逢天气久旱，田地干涸，人畜饮水困难，汉武帝便在东莱城东北三十五余里的罗台村，举行祈祷天神降雨仪式。官员、随从、当地百姓数以千计，皆虔诚跪地，同心祈雨。果然天降大雨，百姓欣喜若狂，雨中高呼：“万岁！万岁！”为谢皇恩，百姓在祈神求雨处建起一亭，名曰“万岁亭”，亭旁之河也称为“万岁河”。

清道光二年（公元 1822 年），罗台村一农民挖地得一残瓦，瓦上有“万岁万岁”四字，据考证为汉时“万岁亭”之瓦

（见杨黎明的《古邑春秋》）。由于“万岁河”与帝王有关，随着朝代更替，人们也简单地叫它“王河”。后来，为了规范水流名称，府志、县志均称其“王河”，而“万岁河”仍在坊间相传。

汉武帝东莱寻神仙与祈神降雨的事，《史记》《汉书》均有记载。这真是“一段史料千古长，心系百姓美名扬，王河名出罗台村，世世代代颂帝王”。

三、时节话养生

1. 六月热得哭，黄瓜茄子来解暑

《本草求真》说黄瓜“气味甘寒，服此能清热利水”，有解毒消肿、生津止渴的作用。《本草纲目》说“茄子味甘、性寒、无毒。主治寒热、五脏劳损及瘟病。吃茄子可散血止痛”。茄子中含有丰富的维生素 E，具有较强的抗氧化性，对于维持年轻、抵抗衰老具有很好的辅助作用。

2. 不能一味求清淡，营养要齐全

当然，小暑饮食不能一味追求清淡，饮食上也要吃鱼虾等蛋白质含量高的食物，以满足每天身体的需求。小暑是消化道疾病多发的季节，膳食最好现做现吃。把住“病从口入”关，讲究卫生是前提。

四、美食荐新

1. 五谷丰登

【用料】

水果黄瓜 2 根，胡萝卜 1 根，糖 5 克，盐 2 克，蚝油 5 克，醋 6 克，生抽 5 克，蒜末 10 克，姜末 5 克，香菜末 3 克，芝麻辣椒油 8 克。

图 3-59

【做法】

（1）将水果黄瓜切蓑衣花刀，整理成灯笼状摆入盘中（见图 3-59 至图 3-62）。

（2）将蒜末、姜末、香菜末、芝麻辣椒油、糖、盐、蚝油、醋、生抽调成料汁。

（3）料汁与蓑衣黄瓜搭配在一起，将胡萝卜切丝摆成灯笼穗，五谷丰登制作完成（见图 3-63）。

图 3-60

图 3-61

图 3-62

图 3-63

2. 黄瓜鸡蛋虾仁锅贴

【用料】

面粉 500 克，虾仁 200 克，黄瓜 500 克，鸡蛋 2 个，水淀粉 200 克，油 50 克，盐 5 克，香油 10 克，蚝油 10 克。

【做法】

（1）鸡蛋打散，炒熟。将黄瓜切丝，撒少许盐腌一会儿，挤干备用。

（2）将虾仁的虾线剔除洗净。

（3）在黄瓜、鸡蛋、虾仁里加入适量盐、蚝油、香油，搅拌均匀备用（见图 3-64）。

图 3-64

（4）面粉加热水，和成面团。搓条，下剂，擀皮后包入馅心。顶端面皮捏紧，两边不封口（见图 3-65）。

图 3-65

（5）将煎锅内刷油，小火进行煎制，煎至面皮底部呈金黄色时加入淀粉水。

（6）盖上盖子继续煎 5 分钟左右，熟后底面向上装盘即可（见图 3-66）。

图 3-66

拓展思考

1. 说一说小暑节气在饮食养生方面应注意什么。

2. 小暑养生菜有哪些？

大 暑

一、大暑节气天最热

大暑，二十四节气之一，是夏季的最后一个节气，在每年 7 月 22 日至 24 日之间。“暑”是炎热的意思。大暑，指炎热之极。大暑的气候特征为高温酷热，雷暴、台风频繁。

大暑节气正值“三伏天”里的“中伏”前后，是一年中最热的时段。《通纬·孝经援神契》：“小暑后十五日斗指未，为大暑，六月中。小大者，就极热之中，分为大小，初后为小，望后为大也。”

二、民间有习俗

1. 吃伏羊祛湿寒

吃伏羊的习俗历史悠久，据说可以上溯到尧舜时期。伏天吃羊肉，意在排汗排毒，祛除冬春集聚在体内的湿寒之邪。另外，人们在夏季饮食多贪寒凉，适当食用羊肉可以温中暖胃，对人体有益。

“朱桥羊汤”“果达埠羊汤”“沙河羊汤”都是莱州名吃，从乡镇到市里，店铺很多，生意兴隆。几人围坐成一桌，是喝羊汤的常见场景。从沸腾的锅里舀出的浓香的羊肉汤，冒着热气，将其装入大碗，洒上胡椒面，点缀以细小、翠绿的香菜末，并配上外酥里软的包袱火烧，地道的羊汤、地道的莱州味，足以让人大快朵颐。

2. 贴三伏贴

夏季三伏天时，人们的肺部气血通畅，药物容易深达脏腑，是治疗、调整肺部疾患的最佳时机。此时进行贴敷治疗，最能刺激穴位，使药物更好地循经导入。

三伏贴，是一种膏药，如银行卡大小，一般以四个为一组使用。

根据中医“冬病夏治”的理论，对哮喘、鼻炎等冬天易发作的宿疾，在一年中最热的三伏天以辛温祛寒的药物贴在背部的不同穴位进行治疗，可以减轻其在冬季发作的症状。

三、时节话养生

1. 酷夏苦夏多吃“苦”

苦味食物中所含的生物碱因具有消暑清热、促进血液循环、舒张血管等药理作用，是夏季大暑的天然养生品。哪些食物含“苦”呢？有莴苣、生菜、芹菜、茴香、香菜、苦瓜、萝卜叶、苔菜等。大暑时节吃苦味食物，能够增进食欲，健脾利胃，提神醒脑。

2. 大暑羊汤，补在三伏

夏季也是合适喝羊汤的季节。夏天本来就燥热，喝羊汤岂不是更上火？其实不然。夏天人体消耗最大，阳气最盛，人体代谢最旺，也是营养消耗最大的季节，所以夏天也要进补。医学常说“补在三伏”，要以温食为主，而羊肉味甘性温，能益气补虚，是夏天进补、养阳气的佳品。据考察，在伏天吃羊肉、喝羊汤对身体是以热制热，排汗排毒，将冬春之毒、湿气驱除，是以食为疗的创举。

四、美食荐新

1. 姜丝炒肉

【用料】

猪瘦肉 200 克，淀粉 10 克，油 8 克，蛋清 25 克，姜 50 克，胡萝卜 10 克，香菜 10 克，葱 8 克，盐 5 克，香油 3 克，料酒 5 克。

【做法】

（1）将猪瘦肉切成细丝（见图 3-67），加入盐、料酒入味，随即加蛋清和淀粉（见图 3-68、图 3-69），然后在三成热油锅中滑至八成熟捞出（见图 3-70）。

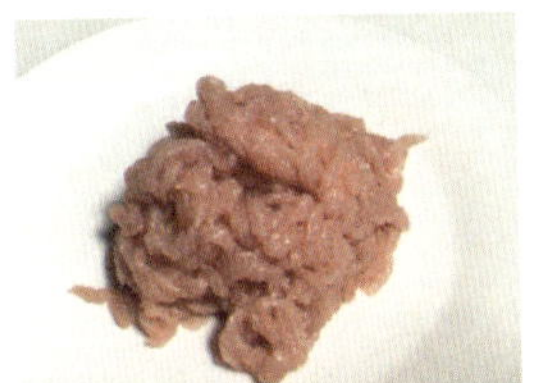

图 3-67

图 3-68

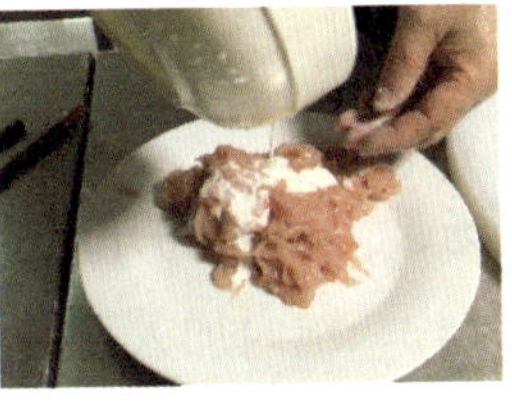

图 3-69

图 3-70

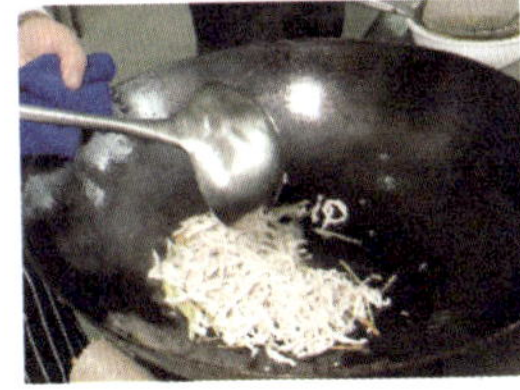

图 3-71

（2）胡萝卜、葱、姜切丝备用。

（3）锅内加底油烧热，将葱、姜丝爆香，加入胡萝卜丝和滑好的肉丝，再加入盐，炒至熟嫩（见图 3-71），加香油、香菜装盘即成（见图 3-72）。

图 3-72

知否知否

肉丝经温油滑一下，能减少腥味。

2. 莱州羊汤

【用料】

熟羊肉 50 克，羊汤 500 克，羊下货 80 克，羊血 100 克，香菜 5 克，胡椒粉 3 克，葱 8 克，醋 8 克，盐 5 克。

【做法】

（1）熟羊肉切片，羊下货和羊血切小块，葱切成葱花，香菜切小段。

（2）锅内加水，待水开时放入羊血，捞起冲净放入碗内待用（见图 3-73）。

（3）在锅内放入羊汤，待羊汤烧开后加入羊肉片、羊下货，再次烧开（见图 3-74）。碗内加入葱花、胡椒粉、香菜、盐，倒入烧开的羊汤即可（见图 3-75）。

图 3-73

图 3-74

图 3-75

3. 清炒莴笋

【用料】

莴笋 300 克，香芹 100 克，香菇 30 克，油 8 克，盐 5 克，花椒 8 粒。

【做法】

（1）将香菇泡发，泡发香菇的水沉淀过滤后备用。

（2）香芹洗净后，用刀背略为轻拍，切段备用。

（3）莴笋根茎削皮，与莴笋叶一同浸泡洗净后，莴笋叶切段，莴笋根茎切薄片备用（见图 3-76）。

（4）锅内注油，中火加热，将花椒及香芹入锅，把油爆香后捞起。转大火，将莴笋片入锅煸炒均匀。再放入莴笋叶，适量添加香菇水（见图 3-77），起锅前添加盐，翻炒均匀，装盘上桌（见图 3-78）。

图 3–76

图 3–77

图 3–78

知否知否

莴笋有股很浓的笋香味，大火快炒即可盛出。

拓展思考

1. 说一说“冬病夏治”的含义。
2. 你知道“三伏”说法的由来吗？

第四篇 秋之实

春雨惊春清谷天

夏满芒夏暑相连

秋处露秋寒霜降

冬雪雪冬小大寒

立　秋

一、立秋落叶而知秋

立秋，是二十四节气中的第十三个节气，每年公历 8 月 7 日至 9 日交节。立秋是秋季的第一个节气，是秋季的起点。立秋是阳气渐收、阴气渐长，由阳盛逐渐转变为阴盛的节点。进入秋季，意味着降水、湿度等趋于下降或减少。在自然界，万物开始从繁茂成长趋向萧索成熟。

立秋并不代表酷热天气就此结束，立秋还在暑热时段，秋季第二个节气处暑才出暑，初秋期间天气仍然很热。所以又有“秋后一伏”之说，立秋后还有至少“一伏”的酷热天气。真正凉爽一般要到白露节气之后。酷热与凉爽的分水岭并不是在立秋节气。

二、民间有习俗

1. 立秋吃手擀面

“入伏的馉扎（水饺）立秋的面，不吃就得拉半年”。立秋当天，莱州当地有吃面条的习俗。如果这一天能吃上手擀面，人们就会感觉到这个节日足够隆重。因为擀面可是个技术活，费时费事，它是老人们在艰苦条件下练就的绝活，现在的年轻人大多操控不了那根长长的擀面杖。

在擀面杖的碾压下，面团慢慢变成一张大大圆圆的面皮，人们将它晾一会儿，整齐对折，层层垒叠，然后均匀切条。最动听的应该是菜刀与案板接触时发出的连续而有节奏的声音，亲切而又温暖。

手擀面劲道而又滑溜。立秋时，全家每人端上一碗热乎乎的手擀面，“吸溜吸溜”地吃，吃得心里暖暖的。记忆中的手擀面，每一碗都有妈妈的味道。

过去，老百姓生活虽不富裕，但都能将“四时八节”过得有板有眼、有滋有味。他们身上那种坚强与乐观的精神，会影响一代又一代的子孙，让他们走向更远的未来。

2. 吃炖肉贴秋膘

熬过了苦夏，很多人都会“减肥”。秋风一起，胃口大开，想吃点好的，增加一点营养，以补偿夏天的损耗。补的办法就是“贴秋膘”：在立秋这天吃各种各样的肉，炖肉、烤肉、红烧肉等，“以肉贴膘”。这是以前民间流行的做法，而现在莱州人在立秋吃肉，保留的只是节日的仪式感和幸福感。

三、时节话养生

“燥则润之”，芝麻补气润肺

立秋以后气温由热转凉，人体的消耗也逐渐减少。因此，可根据秋季的特点科学地调整饮食，以补充夏季的消耗，为越冬做准备。秋季气候干燥，夜晚虽然凉爽，但白天气温仍较高，所以根据“燥则润之”的原则，应以食用养阴清热、润燥止渴、清新安神的食品为主，可选用芝麻、蜂蜜等具有滋润作用的食物。芝麻可以补肝肾，润肺气，增津液。咳嗽的人可以喝点芝麻糊，滋润呼吸道，消除痰液，使呼吸道顺畅。

四、美食荐新

1. 芝麻肉

【用料】

猪精肉 300 克，芝麻 20 克，油 500 克，淀粉 8 克，料酒 15 克，白糖 3 克，酱油 5 克，盐 3 克，味精 1 克。

【做法】

（1）将猪精肉切成细长条（见图 4-1），用料酒、酱油和淀粉腌制 20 分钟（见图 4-2）。

（2）油烧三成热，放入猪肉条滑散（见图 4-3），捞出控油。

（3）将猪肉条再次放入锅中，加入白糖、酱油、盐和适量水，烧至熟烂，再加入味精，收浓汤汁后出锅装盘（见图 4-4），撒上芝麻即可（见图 4-5）。

图 4-1

图 4-2

图 4-3

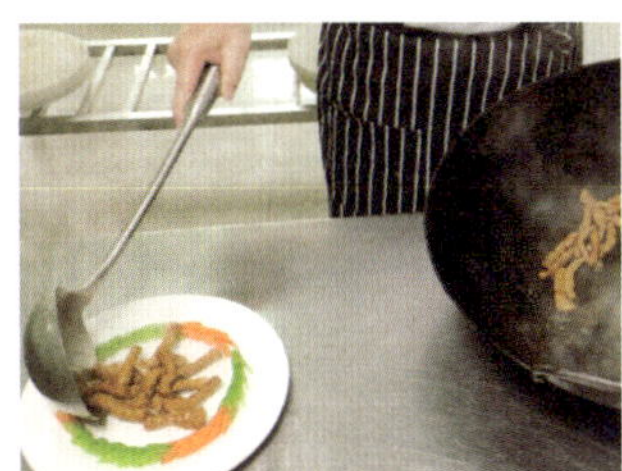

图 4-4

图 4-5

2. 海鲜刀切面

【用料】

面粉 200 克，白蛤 500 克，黄瓜半根，胡萝卜半根，木耳 20 克，鸡蛋 1 个，葱 10 克，蒜 10 克，盐 2 克，碱 0.5 克，鸡精 2 克，油 50 克。

【做法】

（1）面粉内加入盐、碱，搅拌均匀，再加入水（见图 4-6），和成面团。

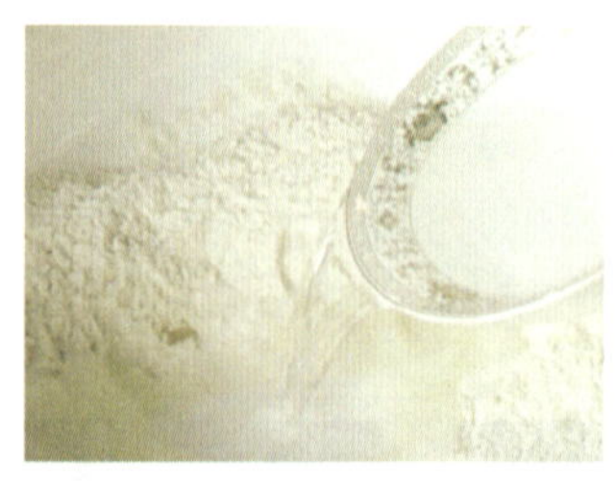

图 4-6

（2）面团用擀面杖擀成薄的面片，折三折后用刀切成均匀的面条（见图 4-7），摆盘备用（见图 4-8）。

图 4-7

（3）将白蛤洗净，凉水下锅，煮至壳张开捞出备用（见图 4-9），将汤倒出沉淀备用。

图 4-8

（4）将黄瓜、胡萝卜、木耳切成丝，葱切末，蒜切末。

（5）起锅烧油，加葱末、蒜末爆香。加入黄瓜丝、木耳丝翻炒几下，再加入蛤蜊汤。煮开后加入打散的鸡蛋、少量盐、鸡精，做成卤出锅备用。

（6）将切好的面条下锅煮熟后过冷水捞出（见图 4-10），加入卤和蛤蜊即成（见图 4-11）。

图 4-9

图 4-11

图 4-10

拓展思考

1. 芝麻可以用来制作哪些美味食品？

2. 刀切面除了做海鲜味，还可以做出其他什么口味？

处　暑

一、处暑节气暑热止

处暑，是二十四节气中的第十四个节气，于每年公历 8 月 22 日至 24 日交节。处暑，即为“出暑”，是炎热离开的意思。处暑的到来，意味着酷热难熬的天气到了尾声，暑气渐渐消退，天气虽仍炎热，但已呈下降趋势。

处暑节气处在短期回热天气（“秋老虎”）期内，“秋老虎”一般发生在公历 8 月至 9 月，每年“秋老虎”的时间长短不一，总体来说持续半个月到两个月。

二、民间有习俗

收谷碾米在处暑

“处暑三日割早谷”，“处暑动刀镰”，“七月底，八月边，家家新米桌上端”。民间的每一句谚语都在告诉我们：处暑是个收谷碾米的好时节。

处暑时节，稻田里弥漫着谷粒成熟的甜香。“成熟的稻谷会弯腰”，每一束谷穗里孕育的果实，都将滋养当地人的生命。以前，为了能吃到一口香甜的米饭，人们一般用“扇簸箕”的方法来扇去谷壳，整个过程要付出艰辛的劳动。

莱州市文峰路街道上田家村，素有“贡米之乡”的美誉，2018 年开始举办“小米丰收美食节”。上田家的小米做成的粥，黄灿灿、黏糊糊、香喷喷的，且口感绵柔。莱州人对其的评价是“很养人”，一口喝下去，心里很舒畅。

三、时节话养生

1. 苦夏过后补鱼肉

秋天鱼虾肥美，鱼肉更是优质蛋白质的来源，其蛋白质含量为猪肉的两倍，人体吸收率高。苦夏过后最适宜用鱼肉进补，适宜选用蒸、炖等烹调方式。

2. 天气干燥重润肺

天气干燥易耗伤津液，导致口咽干苦、皮肤干裂，鼻炎、哮喘、气管炎等呼吸系统的疾病也很容易复发，所以还要继续润肺气，最简单的就是多吃些当季白色的食物。白色的食物往往能帮助肺气收敛，比如百合、银耳、梨子、银杏果。银耳有滋阴清热、润肺止咳、养胃生津、益气和血、补肾强心、消除疲劳等功效。梨也是秋季的畅销水果之一，有润肺止咳、滋阴清热的功效，特别适合秋天食用，可制成冰糖蒸梨，以滋阴润肺，止咳祛痰。

四、美食荐新

1. 扒鱼腹

【用料】

牙片鱼肉 260 克，猪肥肉 120 克，油菜 50 克，葱 10 克，姜 8 克，绍酒 8 克，蛋清 80 克，盐 5 克，熟猪油 15 克，味精 2 克，胡椒粉 1 克，湿淀粉 10 克。

【做法】

（1）将洗净的牙片鱼肉和猪肥肉用刀分别剁成细泥（见图 4-12、图 4-13），然后放在一起剁均匀。葱、姜拍碎，放入绍酒和水，制成调味汁，将蛋清打成蛋泡状。

（2）加入制成的调味汁搅拌后，将鱼泥抿开，用纱布过出细鱼泥。先加入清水、盐，用筷子顺方向搅拌上劲，再加入蛋泡糊、熟猪油、味精、胡椒粉搅拌待用。

（3）油菜用沸水烫好，入味，摆到盘子中。

（4）锅内放清水，烧至八成开时，将鱼泥用手挤出橄榄形丸子（见图 4-14），放入清水内（见图 4-15），待鱼肉丸浮起时捞出装盘。

（5）锅内放入油，用葱、姜爆锅，烹入绍酒，倒入清水，加入盐、味精，调好后用湿淀粉勾芡，然后把芡汁浇到鱼肉丸和油菜上即成（见图 4-16）。

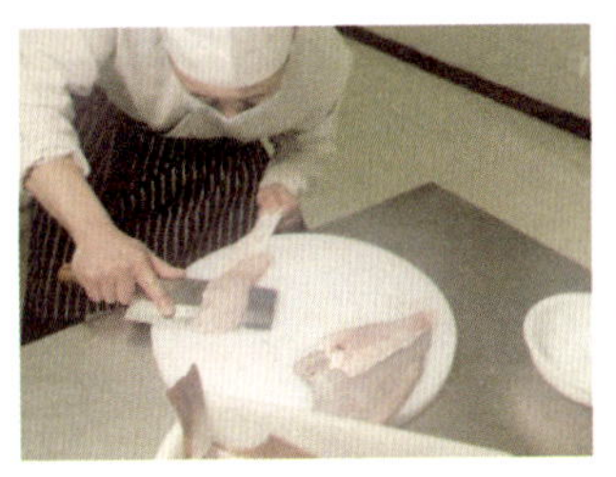
图 4-12

图 4-13

图 4-14

图 4-15

图 4-16

知否知否

牙片鱼肉质细腻白嫩，肉多刺少，鲜美爽口，是制作各色鱼类菜肴的优质原料。

2. 虾仁饺子

【用料】

面粉 300 克，虾仁 100 克，肉馅 100 克，韭菜 50 克，葱花 10 克，姜末 5 克，生抽 10 克，料酒 10 克，蚝油 10 克，十三香 2 克，盐 3 克，味精 1 克，花生油 30 克（见图 4-17）。

图 4-17

【做法】

（1）面粉加水，和成面团待用。

（2）韭菜切末。虾仁去虾线，从中间一分为二。肉馅加入葱姜末、十三香、料酒、蚝油、生抽、盐、味精、花生油，加入韭菜末、虾仁，调和成馅。

（3）面团经搓条，揪剂、擀皮、包馅心成饺子状（见图 4-18 至图 4-20）。

（4）沸水下锅，煮至饺子鼓肚即熟，捞出装盘（见图 4-21）。

图 4-18

图 4-19

图 4-21

图 4-20

3. 银耳雪梨羹

【用料】

清水 1 000 克，银耳 15 克，雪梨 2 个，冰糖 20 克，金丝小枣 20 颗（见图 4-22）。

图 4-22

【做法】

（1）银耳用开水泡发，用手撕成小朵备用（见图 4-23）。

（2）雪梨去皮，去核，切成小块（见图 4-24）。金丝小枣去核，对半切开备用（见图 4-25）。

（3）锅中倒入清水，放入撕好的银耳，煮至浓稠（见图 4-26）。

图 4-23

图 4-24

图 4-25

图 4-26

（4）加入雪梨块和红枣、冰糖，煮至冰糖完全融化，开锅 5～10 分钟即可。

（5）煮好的银耳雪梨羹放入冰箱冷藏后食用，口感更好。

拓展思考

1. 说一说处暑时节你的家乡习俗。

2. 在扒鱼腹制作过程中，鱼泥为什么要顺方向搅拌上劲？

白　露

一、白露节气秋夜凉

白露，是二十四节气中的第十五个节气，于公历 9 月 7 日至 9 日交节。白露节气后，阴寒之气上升，初秋残留的暑气逐渐消散，昼夜热冷交替，寒生露凝。《月令七十二候集解》诠释白露：“水土湿气凝而为露，秋属金，金色白，白者露之色，而气始寒也。”古人以四时配五行，以白形容秋露，故名“白露”。时至白露，基本结束了暑天的闷热，天气渐渐转凉。

二、民间有习俗

九月开海纵享味蕾

莱州开海了！“沦陷”的三山岛渔港，“沸腾”的朋友圈，无不透露着人们对 9 月开海后海鲜大餐的期盼。

5 月 1 日开始的伏季休渔期，到 9 月 1 日结束。开海当天，三山岛渔港千帆竞发，围观的人们云集码头，这种盛况虽每年重演，热度却丝毫未减，每个人都欢欣鼓舞。

梭子蟹、嘎巴虾、大竹蛏、文

蛤、鳎米鱼、海参、扇贝、海螺、八带、青鳞鱼、火燎蟹子、多宝鱼、爬虾……各路海鲜将悉数登场，莱州万通海鲜市场将再现人声鼎沸的热闹场景，千家万户的餐桌也将摆上鲜亮的海物。

莱州的海鲜为什么这么受人喜爱？那是因为莱州的地理位置优越。莱州湾地处渤海南端，向北呈扇形，西有黄河入口，海底是细绵沙，水流不大，海水盐度适中，水温又低，具有独特的生态自然环境。因此，莱州沿海海域里的海产品品种丰富，口感鲜美，与众不同。莱州海鲜因此而誉满全国。

三、时节话养生

白露吃鸡、扇贝，增加蛋白质

白露是一年中昼夜温差最大的一个节气。天气冷暖多变，容易使脾胃的机能变得不正常，因此要注意调理脾胃，侧重于清热、利湿、健脾，以使体内的湿热之邪从小便排出，促进脾胃功能的恢复。

此时应注意适当增加蛋白质的摄入量，多吃一些蛋类、奶类、鸡肉等。这些食物蛋白质含量高，而且比较清淡。在民间素有“白露吃鸡”的风俗。“白露吃鸡”既有大吉大利之美好寓意，又兼具天凉贴秋膘、补身体的效用。

扇贝具有滋阴补血、益气健脾等功效，晒干后的扇贝丁被赞誉为“八鲜”之一。扇贝肉富含碳水化合物、蛋白质，且含有少量碘，有健脑功效。其蛋白质含量比肉类要高，矿物质含量比鱼翅、燕窝要高，常吃能增强身体免疫力。

此外，需要及时补充水分，多食富含维生素及矿物质的低热量食物，如豇豆、黄瓜、鸡蛋等。黄瓜不仅清热解暑，还可降血脂。

四、美食荐新

1. 炖鸡汤

【用料】

鸡 1 只，红枣 5 个，枸杞 10 个，葱 10 克，姜 6 克，盐 5 克，香菇 25 克，香菜 5 克（见图 4-27）。

【做法】

（1）将整鸡切块，清洗干净备用（见图 4-28）。

图 4-27

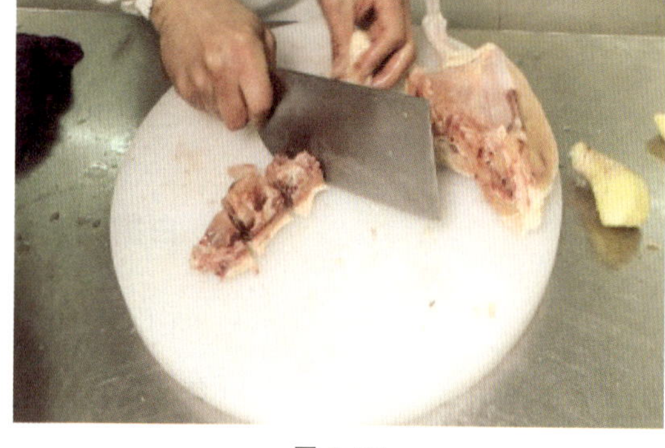
图 4-28

（2）将香菇洗净泡软，枸杞洗净备用。

（3）葱切段、姜切片、香菜切成末备用。

（4）将鸡块放入冷水中煮沸焯水（见图 4-29），捞出鸡块洗净。

图 4-29

（5）将鸡块、葱、姜、香菇放入锅中，大火烧开（见图 4-30），文火炖 1 个小时；加枸杞和适量盐，出锅前撒上香菜末即可（见图 4-31）。

图 4-30

图 4-31

知否知否

鸡汤蛋白质含量较高，食用后有助于病后身体恢复，能增强抵抗力。

2. 黄瓜拌扇贝

【用料】

扇贝 750 克，水果黄瓜 1 根，红辣椒 5 克，香菜 3 克，蒜瓣 5 克，盐 5 克，味精 2 克，白糖 5 克，生抽 5 克，米醋 10 克，香油 3 克。

【做法】

（1）将扇贝用盐水浸泡 2 小时以上，再用流动的水冲去沙沫。

图 4-32

（2）锅中加水，水烧开后倒入扇贝，煮到扇贝壳刚好完全张开，捞出扇贝（见图 4-32）。用清水冲去浮沫，然后将扇贝肉剔出（见图 4-33），洗净沥干水分。

（3）将水果黄瓜、红辣椒切成小丁，蒜瓣拍碎切末，香菜切末。

（4）碗内加入扇贝肉、黄瓜丁、红辣椒丁、蒜末、香菜末，然后加入盐、味精、白糖、生抽、米醋、香油（见图 4-34），搅拌均匀（见图 4-35），装盘即可（见图 4-36）。

图 4-33

图 4-34

图 4-35

图 4-36

拓展思考

1. 常用的海鲜烹饪技法有哪些？

2. 除了炖鸡汤，还可以用鸡制作哪些菜肴？

秋　分

一、秋分节气庆丰收

秋分，是二十四节气中的第十六个节气，时间一般为每年的公历 9 月 22 日至 24 日。秋分这天，全球各地昼夜等长。

2018 年 6 月 21 日，国务院关于同意设立“中国农民丰收节”的批复发布，同意自 2018 年起，将每年秋分设立为“中国农民丰收节”，节日活动主要有文艺汇演与农事竞赛。

二、民间有习俗

1. 秋分祈安康

古人崇拜“月神”，有“秋暮夕月”的习俗，为祈求福佑，以寓圆满、吉庆之意。秋分曾是传统的“祭月节”，由于这天在每年对应的阴历八月里的日子不同，不一定都有圆月，所以后来就将“祭月节”由秋分调至阴历八月十五日。

2. 秋分吃秋菜

秋分也是踏秋的正式开始。在莱州有“秋分吃秋菜”的习俗。秋菜是一种野菜，乡人称之为“秋碧蒿”。逢秋分这天，全村人都去采摘秋菜。嫩绿的、细细的秋菜，约有巴掌长短，有清热解毒的功效。采回的秋菜可以做汤菜，名曰“秋汤”；也可以凉拌吃，清热去火。摘秋菜、喝秋汤，人们祈求的还是家宅安宁、身壮力健。

三、时节话养生

1. 正是螃蟹最肥时

秋分时节，气候宜人，碧空万里，除了登高、赏菊，最惬意的无外乎就是品尝味道鲜美的螃蟹了。俗话说“九雌十雄”，意思是阴历九月吃雌蟹最佳，而阴历十月吃雄蟹最美。螃蟹味道极其鲜美，含有丰富的蛋白质和微量元素。螃蟹的蛋白质含量比猪肉、鱼肉要高出好几倍，而且含有丰富的钙、铁、维生素 A 等，能够养筋补骨，对身体有极强的滋补作用。不过螃蟹性寒凉，虽然味美，体弱之人却不可多食。

2. 饮食宜清润

饮食调养方面，应多喝水，吃清润、温和的食物，如核桃、糯米、蜂蜜、乳品等，这样可以起到滋阴润肺、养阴生津的作用。

四、美食荐新

1. 清蒸梭子蟹

【用料】

梭子蟹 4 只，姜末 20 克，生抽 5 克，米醋 10 克，香油 3 克。

图 4-37

图 4-38

【做法】

（1）将梭子蟹洗净（见图 4-37），均匀地撒上盐，盖向下、肚向上，每只放上 2 片姜片（见图 4-38），上笼旺火蒸约 10 分钟。

（2）蒸熟后取出摆入盘内（见图 4-39）。另备蘸汁，蘸汁用姜末、米醋、生抽、香油调制而成。

知否知否

蒸时蟹盖向下，这样蟹中的膏汁就不会流失，能锁住鲜味，同时蟹爪也不容易掉。

图 4-39

2. 温拌海螺

图 4-40

【用料】

海螺 500 克，青椒 50 克，红椒 50 克，葱段 10 克，姜片 10 克，香菜 10 克，盐 3 克，依个人口味添加白糖 3～5 克，生抽 5 克，米醋 5 克，料酒 5 克，味精 2 克，花椒 3 克，大料 5 克，香油 5 克。

【做法】

（1）海螺洗净，入开水锅内，加入葱段、姜片、大料、花椒、料酒，大火煮开（见图 4-40），开锅后转中小火煮 12 分钟，捞出，入凉水中洗净。

（2）用竹签取出螺肉，洗去浮沫，去除内脏，然后切片。将青椒、红椒、葱段、姜片分别切成丝，香菜切段备用。

图 4-41

（3）将海螺片入沸水中烫一下捞出控水，放入盘中（见图 4-41），趁热加入青椒丝、红椒丝、葱丝、姜丝、香菜段，调入盐、白糖、味精、生抽、米醋、香油，拌匀即可（见图 4-42）。

图 4-42

拓展思考

1. 螃蟹营养价值高，为什么体弱之人不可多食用？

2. 清蒸梭子蟹时，为什么要将蟹盖朝下？

寒　露

一、寒露节气露为霜

寒露，是二十四节气中的第十七个节气，属于秋季的第五个节气，在每年 10 月 7 日至 9 日交节。寒露节气后，昼渐短，夜渐长，日照减少，热气慢慢退去，寒气渐生。昼夜的温差较大，晨晚略感丝丝寒意。北方广大地区已从深秋进入冬季或即将进入冬季。

《月令七十二候集解》说："九月节，露气寒冷，将凝结也。"意思是寒露气温比白露时的更低，地面的晨露冷，快要凝结了。古人将寒露作为寒气渐生的表征。

二、民间有习俗

1. 寒露种麦正当时

莱州过去有句农谚："秋分早，霜降迟，寒露种麦正当时。"因为寒露以后，雨季结束，昼暖夜凉，对秋收秋种十分有利。现在因暖冬效应，再加上机械化作业的普及，近年来秋收秋种有点延后，所以自寒露开始至霜降前后，秋收方才结束，过冬小麦种植也基本完成。

2. 莱州与麦文化

走在莱州的乡间，随处都能看到连绵的麦田，泛着柔波从天边席卷而来，这是每个莱州人眼中最熟悉的风景。

寒露至大满，麦苗在节气昼夜不息的运转中一寸一寸地成长着，播种、出苗、越冬、返青、分蘖、灌浆、成熟，整个过程，渗透了农人们辛劳的汗水。三千年来，无数代农人用勤劳与坚韧完成了对麦田执着的守望，也形成了莱州最具特色的麦作文化。

胶东古代的莱族人，他们的国家叫作“来国”(“莱子国”)。三千多年前的甲骨文中就有“来”字。李孝定先生在《甲骨文字集释》中认为，“来”和“麦”在甲骨文中是一个字。我们在《诗经》《说文》等古文献典籍以及当代研究成果中发现，“莱”字原作“来”，就是“小麦”的意思。

莱州及以此为中心的胶东地区是中国小麦最早的种植地区，莱州是中国小麦发源地，“莱州”的含义就是“麦子之州”。

甲骨文中的“来”字，说明莱州已经有三千多年的小麦种植的历史。莱州小麦种植的历史悠久，从而形成了一系列的社会活动和风俗习惯，造就了富有特色的麦作文化。

3. 寒露到，“寒”意来

俗语说：“寒露无雨，百日无霜。”意思是寒露这天如果没有下雨的话，这一年估计是一个暖冬。到了来年春天，冷空气可能才会来，这时候气温比较低，而且雨水会很多，有可能会出现“倒春寒”的现象。

古人有“二八月，昼夜平”“二八月乱穿衣”之说，说的是阴历二月、八月正处于季节交替之时，昼夜长短逐渐持平，昼夜温差变化大，身体抵抗力减弱，应预防感冒等疾病的发生，早晚注意增减衣服。

三、时节话养生

1. 饮食调养滋阴润燥，“要吃秋，有爆肚”

饮食调养应以滋阴润燥为主，此时要多食用鸡、鸭、牛肉、鱼、虾等。秋季是吃海鲜的最佳季节，这时候的鱼、虾特别肥美。鱼、虾不仅高蛋白、低脂肪，还能够补充人体所需要的微量元素，秋季多吃能够增强抵抗力。鱼肉具有健脾和胃、利水消肿、通血脉的作用，是脾胃虚弱、食欲不振、水肿、胃痛等患者的食疗佳品。“要吃秋，有爆肚”，爆肚也是特色吃食。

2.“海底冬虫夏草”——海肠

在我国沿海地区，有很多小海鲜以“虫”的形态存在，

它们看上去可能难以下咽，但在当地，将其烹制之后常被视为珍馐，海肠就是其中之一。海肠的生活习性与海参相似，其营养价值与海参相比也不逊色。海肠在韩国被誉为保健、美容的佳品。营养学研究表明，海肠是一种典型的高蛋白、低脂肪的优质海洋食品，特别是其体内的不饱和脂肪酸含量非常高，在抗氧化、预防衰老等方面具有显著功效。正是因为上述原因，海肠又有“海底冬虫夏草”的美誉。

四、美食荐新

1. 油爆肚仁

【用料】

猪肚仁 200 克，青蒜（去皮根）8 克，蒜片 5 克，花生油 600 克（实耗约 22 克），花椒油 16 克，鸡汤 12 克，湿淀粉 8 克，料酒 6 克，醋 2 克，盐 2 克，味精 2 克，葱 2 克，姜汁 5 克。

【做法】

（1）把猪肚仁去掉油脂，洗干净，切成 4 厘米长、2 厘米宽的肚条（见图 4-43）。把葱和青蒜都切成 0.6 厘米长的小段，一同放入碗中，加入蒜片、湿淀粉、料酒、醋、盐、姜汁、味精和鸡汤等，调成芡汁。

（2）用开水把肚条烫一下。

（3）炒勺里倒入花生油，放在旺火上烧到冒烟时，放入肚条，爆 10 秒钟，倒在漏勺内沥去油。

（4）炒勺内倒入花椒油烧热，放入爆好的肚条，翻炒几下，倒入上述调味料勾的芡汁（见图 4-44），再翻炒 3～4 秒钟，即成（见图 4-45）。

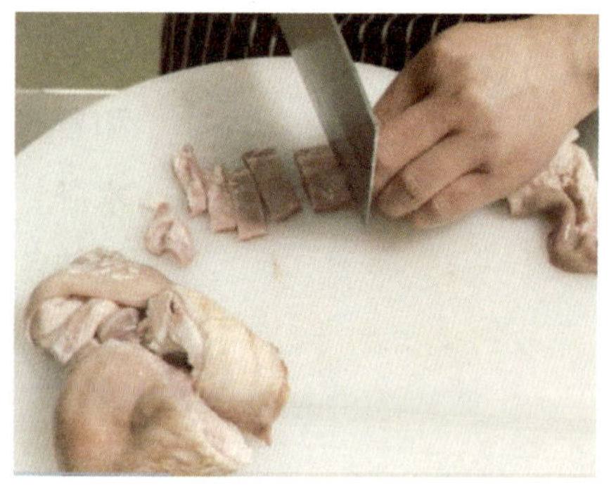

图 4-43

图 4-44

图 4-45

2. 韭香海肠

【用料】

海肠 300 克，韭菜 150 克，香醋 5 克，蚝油 10 克，油 8 克，味精 2 克，盐 2 克。

【做法】

（1）海肠切去两头、去内脏，清洗干净，切成寸段，并加适量香醋搅匀备用（见图 4-46、图 4-47）。

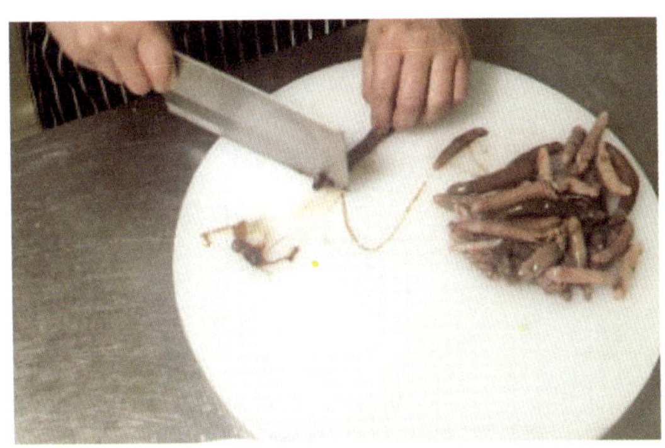

图 4-46

图 4-47

图 4-48

（2）韭菜择洗干净，切成段（见图 4-48），韭白和韭叶分开放。

（3）锅中加足量的水，烧至水中微微冒泡的时候，下海肠，氽烫 3 秒钟，捞出冷水过凉。

（4）取一个小碗，调入适量蚝油、香醋、盐、味精，勾兑成调味汁。

图 4-49

（5）锅中加底油烧热，先加入韭白炒一下（见图 4-49），随后加韭叶炒，然后加入沥净水的海肠快炒几下（见图 4-50），随即加入调味汁翻炒均匀，出锅装盘（见图 4-51）。

图 4-50

图 4-51

知否知否

海肠的烹调要点是操作速度要快。

拓展思考

1. 说一说与寒露时节有关的诗词。

2. 海肠的营养价值有哪些？

霜　降

一、霜降节气秋意浓

霜降，是二十四节气之第十八个节气，是秋季的最后一个节气，每年 10 月 23 日至 24 日交节。古籍《二十四节气解》中说：“气肃而霜降，阴始凝也。”霜降节气后，常有冷空气侵袭而使气温骤降，昼夜温差变化大，令人能明显感到早晚较冷。

霜降时节是秋冬气候的转折点，也是阳气由收到藏的过渡。

二、民间有习俗

1. 寒同山上枫正红

“枫叶醉红秋色里，两三行雁夕阳中。”霜降时节秋意正浓，枫叶流丹，秋景瑰丽，莱州寒同山迎来了四季中的“颜值巅峰”时刻。漫山的枫叶，色彩交织，深绿色、金黄色、暗红色，各色油彩随山势肆意流淌，让整个萧瑟的季节焕发生机。

烈焰丹彩，红了山峰，醉了人间。每年一届的莱州寒同山枫叶文化节，更是“枫”情万种——传统文化、风土人情、书法笔会、票友专场等各种活动精彩纷呈。

2. 璀璨银杏显秋韵

“霜降杀百草”，但莱州东南山区的崖上村却诗意盎然，成为莱州人频繁“打卡”的秋季景点。

崖上村本来深藏山区，因银杏林的璀璨斑斓而惊艳远近。银杏树高大挺拔，枝繁叶茂，大片大片的金黄浓烈炽热，好似积蓄了一年的能量，在霜降时节迸发出来。地上落叶，铺天盖地，那种高度饱和的金黄透着油画般的浑厚质感。

风起之时，落叶如雨，纷飞的银杏叶在风中起舞，有一种不食人间烟火的意境。此刻，不管你多浮躁、多烦恼，都会在这抹艳黄中找到片刻的平静……

古朴宁静的崖上村，秋韵十足，值得一游。

知否知否

银杏从栽培到结果需要二三十年，因此又名“公孙树”，有“公种而孙得食”的含义。据研究，银杏树一旦存活，就能旺盛生长上千年，是树中的“老寿星”。

成熟的银杏有一股直冲脑门儿的臭味，这源自银杏外种皮的挥发性低级脂肪酸。在悠长的岁月中，先民们没有被这些成熟的“臭果子”吓跑，反而发现这是定嗽喘、敛肺气的药食同源的佳品，并以此创造出丰富的佳肴。

三、时节话养生

1. 多吃高蛋白食物

民间谚语：“一年补透透，不如补霜降。”足见在霜降这个节气食补有多重要。这时候除了添衣保暖，饮食上也要多吃高蛋白的食物，提高身体免疫力。

2. 霜降吃柿子，事事如意

有句老话说：“霜降到，吃柿子。”此时的柿子皮薄、肉厚、汁多、味甜，口感达到了最好的状态，当属该时节最应景的水果，所以就有了“霜降吃柿子”的习俗。柿子中不仅含有丰富的葡萄糖、蔗糖、果糖等多种糖分，还含有大量维生素、胡萝卜素以及微量元素钙、碘、磷、铁等，常吃不仅能补充人体每日所需的多种营养物质，还具有生津润肺、凉血止血的功效。如果我们每天吃一个柿子，所摄入的维生素 C 基本上就能满足一天需求量的一半，柿子中含有的糖分还能快速为人体提供能量。除此之外，适量食用柿子，还能起到改善便秘、保护视力和增强免疫力的作用，同时对预防心血管疾病也有一定帮助。但是吃柿子有一些注意事项，如不宜空腹和过量食用，不宜吃柿子皮，糖尿病病人不宜食用等。

四、美食荐新

1. 炸柿子丸子

【用料】

软柿子 500 克，面粉 200 克，油 500 克。

【做法】

（1）将柿子洗净后，把柿子皮撕开一个小口，把柿子肉挤出（见图 4-52），加入适量的面粉（见图 4-53），拌成稍微黏稠的糊状（见图 4-54）。

图 4-52

图 4-53

图 4-54

（2）将柿子糊挤成丸子（见图4-55），热油小火炸丸子（见图4-56），熟后即可出锅装盘（见图4-57）。

图4-55

图4-56

图4-57

知否知否

炸出的柿子丸子很甜，是很自然的柿子甜味，要趁热吃。

2. 菊花酥饼

【用料】

面粉 250 克，水 70 克，猪大油 90 克，豆沙馅 180 克。

【做法】

（1）准备 2 块面团，1 块用水和面，1 块用油和面，这样可以使制品有层次。

（2）水油面制作：面粉 150 克，猪大油 30 克，水 70 克，和成洁白光滑的面团备用。

（3）干油面制作：面粉 100 克，猪大油 60 克，和成面团备用。

（4）豆沙馅揪成 15 克圆球待用（见图 4-58）。

（5）将水油面分成 10 个剂，每个 25 克，放入袋内，防止皴干。

（6）将干油面分成 10 个剂，每个 16 克。

（7）取一个水油面剂子包入干油面剂子，捏紧口，擀开卷起两次，包入豆沙馅（见图 4-59），擀成 1 厘米厚的圆饼。

图 4-58

图 4-59

（8）用刀切出花瓣，并向上翻转 90 度，整理花形（见图 4-60），放入烤盘。

（9）烤箱升温 180℃，烤制 20 分钟即可（见图 4-61）。

图 4-60

图 4-61

拓展思考

1. 银杏为什么又称“公孙树”？它具有哪些药食特点？
2. 吃柿子有哪些注意事项？

第五篇　冬之情

春雨惊春清谷天

夏满芒夏暑相连

秋处露秋寒霜降

冬雪雪冬小大寒

立　冬

一、立冬节气忙冬藏

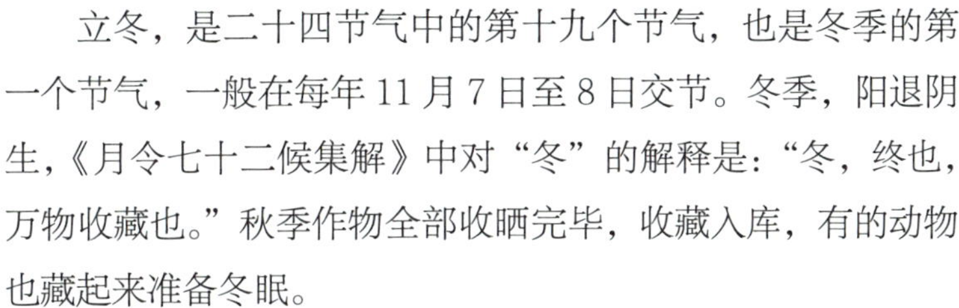

立冬，是二十四节气中的第十九个节气，也是冬季的第一个节气，一般在每年 11 月 7 日至 8 日交节。冬季，阳退阴生，《月令七十二候集解》中对“冬”的解释是：“冬，终也，万物收藏也。”秋季作物全部收晒完毕，收藏入库，有的动物也藏起来准备冬眠。

水始冰，地渐冻；日照短，寒风劲。冬，已翩翩而至。立冬与立春、立夏、立秋合称“四立”，“立”是建立、开始的意思。立冬作为“四立”之一的重要节气，在古代社会是“四时八节”之一，是阴历十月的大节。

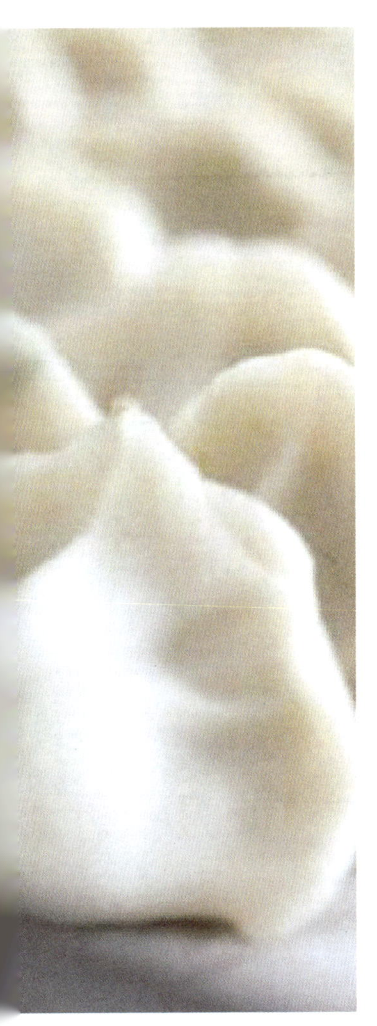

二、民间有习俗

1. 立冬吃饺子

你知道立冬为什么要吃饺子吗？是为了防止耳朵被冻伤。“立冬不端饺子碗，冻掉耳朵没人管”，水饺外形似耳朵，人们认为吃了它，冬天耳朵就不受冻。

有民俗专家认为，饺子来源于“交子之时”。大年三十是旧年和新年之交，古代人认为“立冬”是秋冬季节之交，故“交子之时”的饺子不能不吃。

2. 立冬农家忙一阵

“立冬萝卜，小雪菜”“立冬不起葱，必定心里空”，庄户人家开始忙活着收萝卜、收大葱，储备足够的越冬蔬菜，准备“猫冬”（莱州地方方言，指过冬）。立冬了，河流开始结冰，蛰虫开始休眠，农活也越来越少，世间万物仿佛都安静下来，静候冬日初雪的到来。

三、时节话养生

冬吃萝卜赛人参

老人常说“立冬时节补嘴空”，民间有立冬补冬的习俗。人们在冬季会注重进补保养，这样胃就容易烦热、生燥。此时，性凉、味辛甘、润肺的萝卜，正好可以有效地消积滞、化痰热、平衡阴阳、调理滋养。民间有“冬吃萝卜赛人参”“冬吃萝卜夏吃姜，不用医生开药方”的说法。萝卜中维生素 A、C 的含量高，生吃有清热生津、凉血止血、生气的功效，熟食则能益脾和胃、消食下气。

此外，立冬后可适当多吃瘦肉、鸡蛋、鱼类、乳类、豆类及富含碳水化合物的食物。

四、美食荐新

1. 萝卜丝炖虾

【用料】

青萝卜 450 克，鲜虾 200 克，料酒 8 克，姜 6 克，蒜 8 克，盐 5 克，味精少量，香菜 6 克，油 8 克。

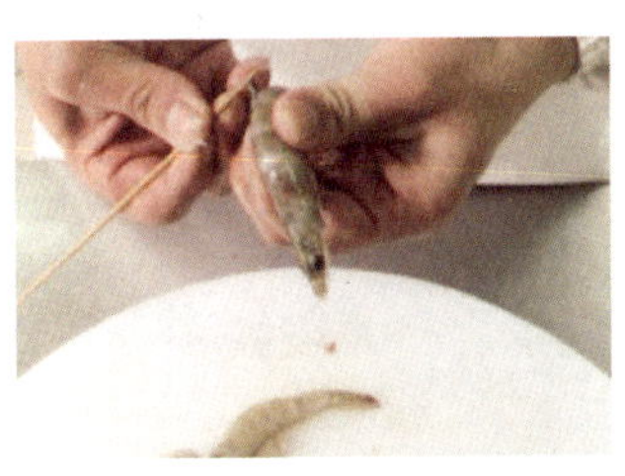

图 5-1

图 5-2

【做法】

（1）青萝卜去皮切丝，姜切丝，蒜切片，鲜虾去掉虾芒、虾须和虾线备用（见图 5-1）。

（2）锅内加水煮开，下萝卜丝焯水，萝卜丝断生后过一下凉水，沥干水分备用（见图 5-2）。

（3）起油锅，油热后，爆香姜丝、蒜片，然后下鲜虾爆炒。

（4）虾充分炒出红油后，放入料酒，然后下萝卜丝翻炒片刻（见图 5-3、图 5-4）。

（5）加入没过菜的热水（见图 5-5），水开后，继续用中火炖煮2分钟。

图5-3

图5-4

图5-5

（6）调入盐和味精，撒上香菜出盘（见图5-6）。

图5-6

2. 凉拌八带蛸

【用料】

八带蛸500克，大葱10克，姜10克，青辣椒10克，红辣椒10克，香菜5克，生抽5克，米醋6

克，料酒 5 克，香油 5 克，依个人口味添加白糖 3～5 克，盐 3 克，味精 2 克，辣椒油 5 克，鸡蛋 1 个。

【做法】

图 5-7

（1）将八带蛸洗净（见图 5-7）。

（2）大葱切成葱丝，青、红辣椒切丝（见图 5-8），香菜切段，姜切丝，分别放入盘子里待用。

（3）将洗好的八带蛸切成段，加入盐、蛋清，顺时针搅拌（见图 5-9）。

（4）锅中加水烧开，加入葱、姜、料酒，倒入八带蛸段，用筷子快速搅拌，撇去浮沫，捞出放入冰水中（见图 5-10）。

（5）将冰好的八带蛸段沥水后放入碗中，加上葱丝、姜丝、青辣椒丝、红辣椒丝、香菜段，然后依次加入生抽、米醋、白糖、盐、味精、香油（见图 5-11）、辣椒油拌匀装盘即

图 5-8

图 5-9

图 5-10

图 5-11

可（见图 5-12、图 5-13）。

图 5-12

图 5-13

拓展思考

1. 说一说立冬日民间为什么有吃饺子的习俗。
2. 如何去除八带蛸表面的黑膜？

小　雪

一、小雪节气迎初雪

小雪，是二十四节气中的第二十个节气，在每年11月22日至23日交节。《月令七十二候集解》中说："十月中，雨下而为寒气所薄，故凝而为雪。小者未盛之辞。"小雪节气是一个气候概念，它代表的是小雪节气期间的气候特征，包括气温与降水量。

二、民间有习俗

1. 百菜之王——白菜

"立冬萝卜，小雪菜""小雪除菜，大雪封窖"。过去，白菜就是"百菜之王"，是老百姓越冬最主要的菜，胶东白菜叶球硕大、柔嫩多汁、口感鲜美，全国有名，在江、浙、沪、皖、闽等省市普遍栽培，深受江南各地群众的欢迎。鲁迅先生在《藤野先生》中提道："北京的白菜运往浙江，便用红头绳系住菜根，倒挂在水果店头，尊为'胶菜'。"即使现在，白菜仍是大众喜爱的冬季必备菜。大年初一的饺子馅习惯是猪肉白菜馅，好吃。老百姓说："百菜不如

白菜，诸肉不如猪肉。”当然，白菜也有发“百财”的美好愿望。小雪过后，正是收白菜的时候，这也是农民一年当中最后的一次收成。

近几年，随着人们健康意识的增强，反季节蔬菜受到冷落，白菜回归当年的“百菜之王”的地位。

2. 腌菜

“小雪腌菜，大雪腌肉”。过去受条件所限，冬天新鲜的蔬菜很少，价格也贵，所以大家习惯于在小雪前后腌菜，冬天就靠着这些腌制食品下饭。也正因如此，几乎家家户户的院子里都放着一个大咸菜缸。过年的时候在缸上贴一个“福”字，也是一道风景。腌菜有白菜、青萝卜、芥菜根、萝卜缨、雪里蕻等。用腌好的雪里蕻或者萝卜缨包菜团子也是一大美味。

三、时节话养生

1. 冬季菠菜：“营养模范生”

冬天的菠菜矮壮浓绿，口味较甜，有“营养模范生”之称，它富含类胡萝卜素、维生素 C、维生素 K、钙、铁、辅酶 Q10 等多种营养素，有植物“强心剂”、植物“胰岛素”以及“肠道清道夫”之称。

2. 多食“暖身食物”

小雪以后也要吃有温补益肾、健脑活血功效的“暖身食物”，要适当增加主食和油脂的摄入，保证优质蛋白质的供应。羊肉、牛肉、鸡肉、虾等食物富含蛋白质及脂肪，产生的热量多，御寒效果最好。

四、美食荐新

1. 菠菜拌毛蛤

【用料】

菠菜 250 克，毛蛤 500 克，大蒜 3 瓣，盐 5 克，依个人口味添加白糖 3～5 克，鸡精 3 克，味精 3 克，生抽 5 克，米醋 10 克，香油 5 克，辣椒油 5 克。

【做法】

（1）将菠菜洗净，锅内烧开水，水开后将菠菜放入烫 30 秒后捞出，用冷水冲凉，然后攥干，切成段备用。

（2）毛蛤放入锅中煮熟，将毛蛤肉取出洗净备用。

（3）大蒜拍扁切碎，拌入菠菜段和毛蛤肉。

（4）依次加入盐、鸡精、白糖、味精、生抽、米醋、蒜末、香油、辣椒油，将所有原料搅拌均匀装盘即可（见图 5-14）。

图 5-14

2. 牛肉秋叶包

【用料】

面粉 500 克，酵母 10 克，牛肉 500 克，芹菜 150 克，葱 30 克，姜 10 克，盐 6 克，生抽 30 克，鸡精少许，蚝油 10 克，胡椒粉 2 克，料酒 10 克，花生油 60 克。

【做法】

（1）将面粉、酵母与水和成面团，发至面团 2 倍大备用。

（2）牛肉剁成馅，葱、姜切成丝，芹菜切成段备用（见图 5-15）。

（3）牛肉馅中加入适量的盐、鸡精、生抽、蚝油、胡椒粉并搅匀，分三次将葱姜水、料酒倒入，并朝一个方向搅打均匀。

（4）芹菜切成末（见图 5-16），加入牛肉馅中，加花生油并搅匀。

图 5-15

图 5-16

（5）将面团分成约 50 克一个的面团，搓条、下剂、擀皮后，包入牛肉馅（见图 5-17），包成秋叶形状（见图 5-18）。盖上干净的毛巾，发至原来的 2 倍大。

（6）蒸锅水开后，放入包子蒸 15 分钟即可（见图 5-19）。

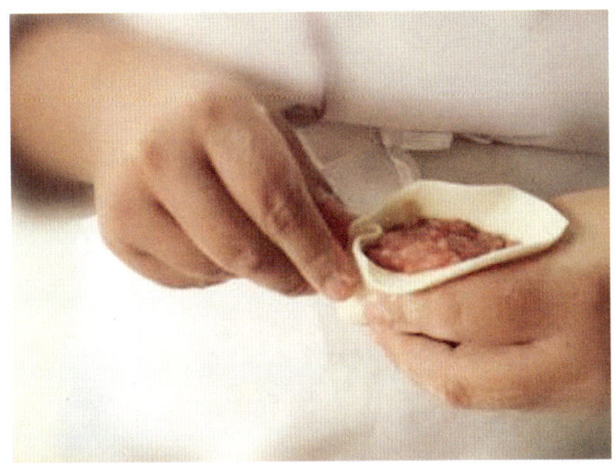
图 5-17

图 5-18

图 5-19

拓展思考

1. 说一说小雪节气在饮食养生方面应注意什么。
2. 制作牛肉包时，怎样调馅才能使馅心鲜嫩多汁？

大　雪

一、大雪节气雪封河

大雪，是二十四节气中的第二十一个节气，在 12 月 6 日至 8 日交节。大雪的到来，意味着天气会越来越冷。大雪和小雪、雨水、谷雨、小满等节气一样，都是直接反映降水的节气。《月令七十二候集解》说：“大雪，十一月节。大者，盛也。至此而雪盛矣。”书中对“大雪”的解释是天气更冷，降雪的可能性比小雪时更大了，并不指降雪量一定很大。

大雪至，寒冬始。

二、民间有习俗

1. 家家户户腌“咸货”

有句俗语，叫作“小雪腌菜，大雪腌肉”。大雪节气一到，家家户户忙着腌制“咸货”。盐加八角、桂皮、花椒、白糖等入锅炒熟，制成花椒盐。等它凉透后，涂抹在鱼、肉内外，反复揉搓，到肉色由鲜转暗，表面有液体渗出时，再把肉连剩下的盐放进缸内，用石头压住，放在阴凉背光的地方。半月后取出，将腌出的卤汁入锅加水烧开，撇去浮沫，放入晾干

的禽畜肉，一层层码在缸内，倒入盐卤，再压上大石头。十日后取出，挂在朝阳的屋檐下晾晒干，以迎接新年。

2. 冰雪世界乐趣多

“小雪封地，大雪封河”，北方有“千里冰封，万里雪飘”的自然景观，让无雪的南方人眼热。到了大雪节气，河里的水都冻住了。滑雪场成了人们可以尽情嬉戏的好去处。

三、时节话养生

冬吃加吉，吉庆有余

鱼不仅是“大脑的助推器”“心情的改良剂”，还是美容护肤的佳品，因此，在冬季，它成为人们餐桌的“常客”。其中加吉鱼是珍贵的食用鱼类。山东沿海各地均产加吉鱼，但渤海海湾所产最佳，无论品质、味道俱臻上乘。加吉鱼自古就是珍品，民间多用来款待贵客。婚宴上，加吉鱼是胶东餐桌上必有的名菜之一，寓意“吉庆有余”。这种鱼主要以贝类及甲壳动物为食，因而肉质白嫩细腻，味道鲜美异常。民间流传着“加吉头，鲅鱼尾，刀鱼肚皮鲘鱼嘴”的俗语，言海中鱼类，以此四物最美味。

四、美食荐新

1. 葱油清蒸加吉鱼

【用料】

加吉鱼750克，肥肉丝15克，葱丝20克，姜丝10克，冬笋丝10克，花椒8粒，料酒8克，盐5克，大料2个，胡椒粉2克，油20克，蒸鱼豉油15克。

【做法】

（1）将加吉鱼切柳叶花刀（见图5-20），用开水焯一下，捞出控净水，放在盘内。在加吉鱼身上撒上盐，倒入料酒，摆上肥肉丝、葱姜丝、冬笋丝、花椒、大料（见图5-21），上屉蒸10分钟，取出去掉大料、花椒。

图5-20

（2）在鱼身上撒上葱丝、胡椒粉，倒上蒸鱼豉油，用热油浇在鱼身上即可（见图5-22、图5-23）。

图5-21

图5-22

图5-23

知否知否

加吉鱼营养丰富，富含蛋白质、钙、钾、硒等营养元素，能为人体补充蛋白质及矿物质。

2. 温拌羊肉

【用料】

羊肉 500 克，洋葱 30 克，香菜 5 克，葱段 10 克，姜片 10 克，花椒 5 克，大料 5 克，料酒 10 克，生抽 10 克，辣椒油 10 克，米醋 10 克，盐 3 克，依个人口味添加白糖 3～5 克，味精 3 克，香油 5 克。

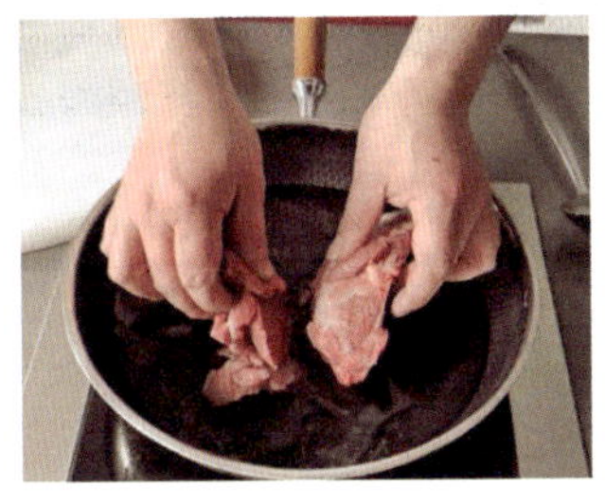

图 5-24

【做法】

（1）将羊肉洗净，切成大块，放入凉水锅内（见图 5-24）。待水烧开，撇去浮沫，捞出入凉水洗净。

（2）锅中加水，加入焯水后的羊肉，加葱段、姜片、花椒、大料、料酒。大火烧开，小火煮熟。

（3）将煮好的羊肉捞出（见图 5-25），稍凉后，切成条。

（4）香菜洗净切段，洋葱切丝。将香菜、洋葱和羊肉片一起放入盆内，加入白糖、盐、味精、生抽、辣椒油、米醋、香油（见图 5-26），拌匀装盘即可（见图 5-27、图 5-28）。

图 5-25

图 5-26

图 5-27

图 5-28

拓展思考

1. 说一说“百菜不如白菜”说法的由来。

2. 清蒸加吉鱼的制作要领是什么？

冬　至

一、冬至亚岁大如年

冬至，又称日短至、冬节、亚岁、拜冬等，是二十四节气中一个重要的节气，一般是在每年的 12 月 21 日到 23 日交节。这天是北半球全年中白天最短、黑夜最长的一天。莱州民间对冬至前后白昼的变化分别有“过了冬，一天长一葱”和“长到冬至、短到夏至”的谚语。过了冬至，白天就会一天天变长，所以古人有“冬至一阳生”之说，即从冬至这天开始，阳气慢慢开始回升。

《汉书》中说：“冬至阳气起，君道长，故贺。”人们认为，过了冬至，白昼一天比一天长，阳气回升，这是一个节气循环的开始，也是一个吉日，应该庆贺。

二、民间有习俗

1. 冬至大如年

冬至是“四时八节”之一，民间有“冬至大如年”的讲法，其庆祝活动仿效除夕、新年，只是隆重程度稍逊。古时候，漂泊在外地的人到了这时节都要回家过冬节，所谓“年终有所归宿”。冬至日吃饺子的习俗，是为了纪念医圣张仲景冬至舍药而流传开来的。相传医圣张仲景告老还乡时看到受冻的百姓，便用羊肉和一些驱寒药材以及面皮，包成像耳朵的样子，做成一种叫“驱寒娇耳汤”的药物，施舍给百姓吃。后来，每逢冬至，人们便模仿该药物的样子做着吃，形成了习俗，有“消寒”之意，至今北方民间还流传着“冬至不端饺子碗，冻掉耳朵没人管”的民谚。

在以前的生活困难时期，大部分普通百姓家是包包子，俗称“冬包”，出嫁闺女都要回娘家送冬包。现在莱州的一些地方沿用旧俗，冬至还是吃包子。

2. 数九歌谣顺口溜

山东地区有“冷在三九，热在三伏”的说法。冬至，标志着即将进入寒冷时节，民间由此开始“数九”计算寒天。每九天算一“九”，依此类推。“三九”一般是一年中最冷的时段。当数到九个“九天”（九九八十一天）时，便是春深日暖、万物复苏的春耕之时。

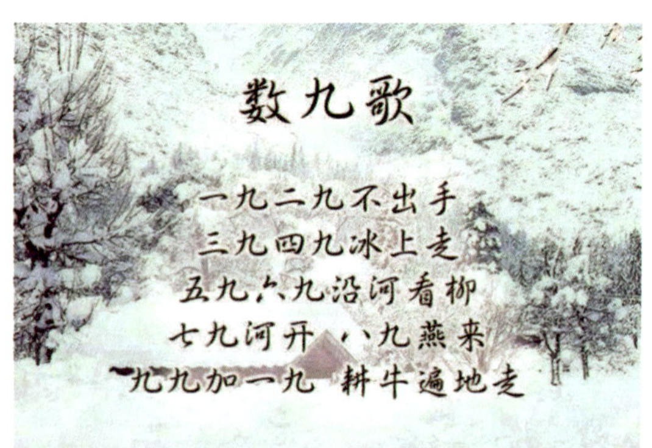

民间流行的数九歌：一九二九不出手；三九四九冰上走；五九六九沿河看柳；七九河开，八九燕来；九九加一九，耕牛遍地走。

进入“数九天”意味着我们进入了一年中最冷的日子。在古代“九”象征着至阳之境，所以人们把“九”作为一周期，而这也是皇帝被称为“九五之尊”以及金庸在小说里以“九阳神功”作为无上宝典来刻画的原因了。

三、时节话养生

1. 夏病冬治

冬至迎来最寒冷的天气，要注意防寒保暖，预防呼吸道以及心脑血管等方面的疾病。“夏病冬治，祛寒补虚”，按照中医的理论，此时人体内阳气蓬勃生发，最易吸收外来的营养，因而冬至前后也是人们进补的最佳时机。冬季，人体的阳气潜藏于体内，所以容易出现手足冰冷、气血循环不良的情况。

2. 冬吃羊肉

羊肉味甘而不腻，性温而不燥，具有补肾壮阳、暖中祛寒、温补气血、开胃健脾的功效，所以冬天吃羊肉，既能抵御风寒，又可滋补身体。俗话说：“冬至吃羊肉，暖和一冬天”“冬天食了羊，少穿一件裳”“冬吃羊肉赛人参，春夏秋食亦强身”。羊肉补而不燥，早已为历代医家和食家所推崇。

补食羊肉时，可以和山药、枸杞等“混搭”。荤素搭配的羊肉，其营养也会在“混搭”的基础上变得互补，更加丰富。

四、美食荐新

1. 蒜香大虾

【用料】

海虾 10 个，红辣椒 10 克，料酒 6 克，油 20 克，蚝油 8 克，豉油 6 克，依个人口味添加白糖 1～3 克，蒜瓣 10 克，姜 3 克，盐 5 克，胡椒粉 2 克。

【做法】

（1）剪掉虾须，取出虾线（见图 5-29），虾背切口洗净，加入料酒、姜、胡椒粉、蚝油，搅拌均匀，腌制 6 分钟。

（2）红辣椒切碎。蒜瓣拍开剁碎，一半炸成金黄色，一半不炸。碗中加入 2 汤匙清水、蚝油、白糖、豉油，与炸过的蒜末搅拌均匀（见图 5-30）。

（3）把入好味的海虾摆好，虾背中放上调好的汁（见图 5-31）。

（4）将海虾上蒸笼蒸 5 分钟。

（5）起锅烧油达八成热，撒上调好的豉油蒜末，再撒上另一半未炸的蒜末，泼上热油后，将海虾重新装盘即可（见图 5-32）。

图 5-29

图 5-30

图 5-31

图 5-32

知否知否

虾的营养价值极高，能增强人体的免疫力、补肾壮阳、抗早衰。

2. 羊肉饺子

图 5-33

【用料】

面粉 500 克，羊肉 500 克，白萝卜 100 克，葱 50 克，姜 5 克，花椒和大料泡的水 3 汤匙，盐 5 克，味精 2 克，生抽 20 克，料酒 10 克，蚝油 10 克，胡椒粉 2 克，花生油 60 克（见图 5-33）。

【做法】

（1）面粉中倒入水，和成面团备用。

（2）羊肉和葱、姜剁碎，分次加入花椒和大料泡的水，朝一个方向搅打均匀。

图 5-34

（3）白萝卜擦成丝，焯水 1 分钟，捞出过凉，挤干水分，切成末。将白萝卜末和香菜末一起加到羊肉馅中并搅匀，加入适量的盐、味精、生抽、料酒、蚝油、胡椒粉、花生油并搅匀。

（4）面团搓成长条，揪挤，擀皮，包入羊肉馅（见图 5-34），成饺子形（见图 5-35）。

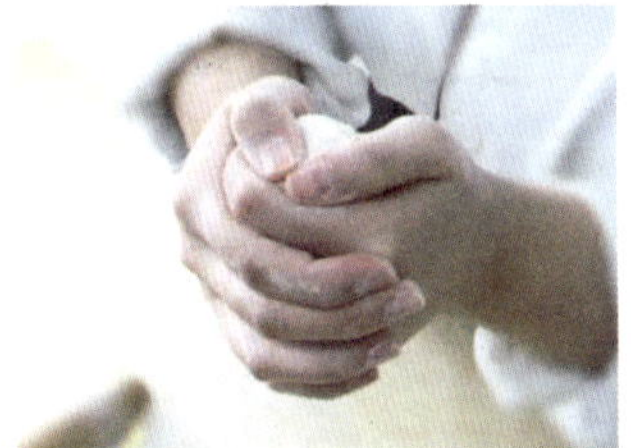
图 5-35

（5）开水下饺子，煮熟装盘即可（见图 5-36）。

拓展思考

1. 说一说“冬至吃羊肉，暖和一冬天”说法的由来。

2. 为什么说冬至饮食宜清淡，不宜过食辛辣燥热、肥腻的食物？

图 5-36

小　寒

一、小寒节气冻成团

小寒，是二十四节气中的第二十三个节气，于每年 1 月 5 日至 7 日交节。小寒的天气特点是：天渐寒，尚未大冷。俗话说“冷在三九”，由于隆冬“三九”也基本上处于小寒节气内，因此有“小寒胜大寒”之讲法。

小寒时节，我国大部分地区已进入严寒时期，土壤冻结，河流封冻，加之北方冷空气不断南下，天气寒冷，因而人们把它叫作“数九寒天”。

二、民间有习俗

农闲时节编筐编篓

“三九四九，冻破碓臼”“小寒大寒，冻成一团”，小寒后，农事暂停，农家人愿意围坐热炕头来抵御凌厉的寒冷。勤劳的人们，闲居在家也不闲着，几根麦草、一把草辫，上挑下掐间变成了小篓小筐等日常用品。

边拉家常、边编篓，这是过冬时农家人常见的画面。过去农家人就地取材，用麦秸草、苞米皮儿等编筐编篓，准备来年丰收时装粮盛菜。说起这手艺，真是历史悠久呢！

莱州是小麦的发源地，麦粒入粮仓，麦秸可搓绳，莱州人称之为“掐草辫”。莱州草艺品最原始的雏形是“草辫”，它

在莱州已有1 500多年的历史。据《莱州市志》记载，源于沙河一带农村的莱州草辫“明代经直隶、豫州等地在国内传播。鸦片战争后，成为我国最早进入西方市场的商品之一”。

现在，草编技术在传承中不停地创新发展，从草篓、菜筐到草帽、草艺包、草扇、草帘等，草编也逐渐从实用走向艺术化，形成了莱州独有的草编文化。2005年7月，莱州被授予“中国草艺品之都”的荣誉称号。

一根根草辫传递着淳朴与回忆，在人们的指尖集聚起旺盛的生命力，从草根到时尚，莱州人不只是在编织艺术品，更是在编织美好的未来。

三、时节话养生

三九补一冬，来年少病痛

小寒应以温补为主，可适当吃些性味甘温的食物，它们能为身体提供充足的热量，更有利于肝气的生发。这个时节正是吃温热品的好时候，特别是对于偏阳虚体质的人。喝碗热粥也非常适合，如麦片粥、核桃粥、红薯粥、油粉饭等。此外，食宜杂，即食物要多样化，精粗搭配、荤素兼吃。

冬天人们偏嗜高蛋白、高脂和高糖的食物，不吃或少吃粗粮、蔬菜、瓜果，这样很容易出现口角炎、牙龈出血、缺铁性贫血、维生素缺乏症、便秘等不良问题。

四、美食荐新

1. 家常白菜炖豆腐

【用料】

白菜500克，五花肉50克，豆腐300克，油20克，盐5克，香醋3克，老抽2克，蒜5克，大料2个，香菜10克。

【做法】

（1）白菜洗净，将菜帮、菜叶分开，菜帮斜刀切片（见图5-37）。菜叶也切一下，切好后菜帮、菜叶分开放。蒜拍碎，豆腐切块。

图5-37

（2）五花肉切成2毫米厚的片。

（3）锅内加油，凉油下入切好的豆腐（见图5-38），再加入一勺盐防止豆腐粘锅，也可使豆腐更入味。煎的过程中晃动锅使豆腐受热均匀，煎至一面金黄后翻面煎另一面。豆腐煎好后盛出备用。

图5-38

（4）再次起锅，待油热后加入切好的五花肉，煸炒出五花肉中的油脂，然后下入蒜末、大料炒香。

（5）炒出香味后，先倒入白菜帮，大火翻炒至微软后，下入白菜叶继续翻炒，菜叶炒软后加入适量的老抽，翻炒均匀，再加入少量的盐继续翻炒，炒均匀后盖上盖子小火慢炖一会儿（见图5-39）。炖出很多汤汁后下入豆腐，用小火焖3分钟，让豆腐吸足汤汁，加入少量老抽增色，出锅前淋入少许香醋，翻炒均匀，加入香菜即可（见图5-40）。

图5-39

图5-40

2. 油粉饭

【用料】

油粉（或短粉条）1 包、五花肉 200 克，菠菜 100 克，白菜 200 克，黄豆 100 克，豆腐 200 克，小米 50 克，花生 50 克，香菜、葱、姜、盐、香油各 5 克，油、老抽各 10 克。

【做法】

图 5-41

（1）花生和黄豆清洗干净，用清水浸泡一夜，直到花生和黄豆泡发肿胀（见图 5-41）。

（2）五花肉切成小丁，菠菜和白菜洗净后切成条状，香菜切段，葱姜切末，豆腐用盐水浸泡、冲洗后备用。

（3）锅里放油，将豆腐下锅，中小火慢慢煎炸，直到豆腐金黄硬脆，即可出锅，切成小丁状。

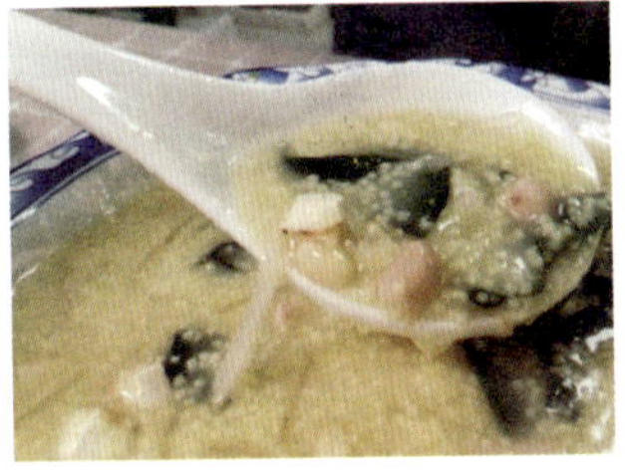
图 5-42

（4）另起锅放少许油，油热后，将肉丁下锅煸炒，肉发白后加入葱姜末，加几滴老抽调味，将菠菜和白菜入锅煸炒，加少许盐，炒至蔬菜断生即可出锅。

（5）取一小盆油粉放入锅中，加入花生和黄豆，中火慢慢熬煮，加入半小盆水。等油粉烧开后，将洗过的小米倒入锅中，转小火慢慢熬煮 20 分钟。

图 5-43

（6）将先前炒熟的菜和炸的豆腐丁放入锅中，然后再倒入一大碗油粉，中火熬煮，等到锅中的油粉饭再次烧开后，加入少许盐和香油调味，撒少许香菜段，搅拌均匀后关火即可食用（见图 5-42、图 5-43）。

拓展思考

1. 说一说腊八粥的来历。

2. 小寒节气适宜温补的食物有哪些？

大　寒

一、大寒节气近年关

大寒，是二十四节气中的最后一个节气，在每年的1月20日至21日交节。同小寒一样，大寒也是表示天气寒冷程度的节气。大寒在传统节气中是极冷的时节。

大寒一过，新一年的节气就又轮回来了，正所谓冬去春来。这时候，人们开始忙着除旧饰新、腌制年肴、准备年货和各种祭祀供品、扫尘洁物，因为中国人最重要的节日——年节就要到了。

二、民间有习俗

1. 过了大寒就是年

大寒是二十四节气之末，二十四节气过完，一年就算过完了。大寒到来，中国人最讲究的春节就要到了，所以民谚有“大寒过了就是年”的说法。岁末年底，年味越来越浓了，家家户户准备过大年。自阴历腊月二十三开始，民间谚语有：“二十三，糖瓜粘；二十四，扫房子；二十五，磨豆腐；二十六，炖锅肉；二十七，杀只鸡；二十八，把面发；二十九，蒸馒头；三十晚上熬一宿；大年初一扭一扭。”

2. 腊月二十三“祭灶节”

我国春节，一般是从腊月二十三“辞灶”开始的。

辞灶，也称祭灶、“小年”。旧时，莱州百姓家正间锅台后面都要供奉“灶王爷”，其实就是刻印的一张年画，上边印有“二十四节气表”，也叫“灶马”。百姓每年腊月二十三日须买一张新的灶马换上，辞旧换新，所以称为“辞灶”。每年辞灶这天，灶王爷要上天去玉皇大帝那做述职报告，民间老百姓怕灶王爷说他们的坏话，就在腊月二十三这天蒸年糕、做糖瓜，以粘住灶王爷的嘴巴，并买来糖果供奉他，让他甜言蜜语只说好话。

3. 腊月二十四扫尘

“腊月二十四，掸尘扫房子”。据《吕氏春秋》记载，我国在尧舜时代就有春节扫尘的风俗。按民间的说法，因“尘”与“陈”谐音，新春扫尘有“除陈布新”的含义，其用意是要把一切穷运、晦气统统扫出门。这一习俗寄托着人们破旧立新的愿望和辞旧迎新的祈求。

每逢春节来临，家家户户都要打扫环境，清洗各种器具，拆洗被褥窗帘，洒扫六闾庭院，掸拂尘垢蛛网，疏浚明渠暗沟。到处洋溢着欢欢喜喜搞卫生、干干净净迎新春的欢乐气氛。

三、时节话养生

1. 大寒吃年糕

民间素有“大寒小寒，冷成一团”的说法。在这个一年之中最冷的时期，有吃糯米驱寒的传统习俗。而且大寒这天吃年糕，还有“年高”之意，带着吉祥如意、年年平安、步步高升的好彩头。

2. 寒冬吃牛肉

天气寒冷，人体需要的热量也随之增加，建议多吃一些脂肪含量高的肉类。牛肉性温味甘，富含蛋白质、脂肪、维生素 B 族（包括烟酸、维生素 B_1 和 B_2），且是铁的最佳来源，能补中益气、滋养脾胃。食用牛肉能提高机体抗病能力，有助于生长发育，对手术后、病后调养的人在补充失血和修复组织特别适宜。寒冬吃牛肉可以增强体质，加快新陈代谢。

四、美食荐新

1. 酱焖黄花鱼

【用料】

黄花鱼 500 克，葱丝 10 克，姜丝 6 克，甜面酱 30 克，料酒 5 克，老抽 6 克，盐 5 克，湿淀粉 10 克，醋 8 克，油 500 克，香油 2 克。

【做法】

（1）黄花鱼去鳞、去内脏，洗净干净，打上柳叶花刀（见图 5-44），抹上老抽放入八成热油中冲炸，待鱼成深红色捞出控净油。

图 5-44

（2）锅内加底油，用葱姜丝爆锅，再放甜面酱炒出香味，加入水、盐、料酒、老抽、醋。放入鱼，用慢火焖熟透，汤汁收浓，装入盘内（见图 5-45）。

图 5-45

（3）锅内余汤用湿淀粉勾芡，淋上香油，浇在鱼身上即可（见图 5-46）。

图 5-46

2. 红烧肉

【用料】

五花肉 600 克，葱 10 克，姜 5 克，八角 2 个，冰糖 15 克，红烧汁 20 克，料酒 10 克，盐 2 克，水淀粉 10 克，花生油 8 克。

【做法】

（1）姜切片，葱切段。五花肉切 3 厘米的方形块状（见图 5-47）。

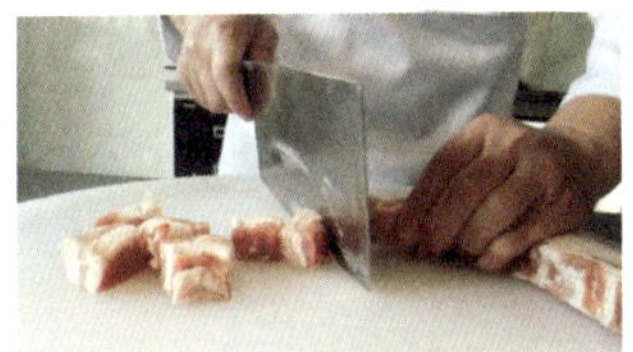
图 5-47

（2）五花肉块下冷水，加姜片、葱段（见图 5-48），水开后加料酒焯 4～5 分钟，片去血沫，冷水过凉。

图 5-48

（3）锅内加花生油，下入冰糖炒制成糖色。加进肉、八角、葱段、姜片，翻炒到肉块颜色变深后，加入少量红烧汁（见图 5-49）。炒至肉块变成深红色后，加热水没过肉块，加入盐，急火煮沸后转小火慢炖 50～60 分钟。大火收汁，加入少量水淀粉勾芡，出锅装盘（见图 5-50），汤汁浓稠，色泽红润。

图 5-49

图 5-50

3. 年糕

【用料】

黄米面 500 克，地瓜 2 个，小红枣 9 个。

【做法】

（1）地瓜去皮蒸熟，捣成泥。小红枣去核，一分为二，备用。

（2）黄米面、地瓜泥加水揉成团。

（3）将面团搓成拳头大小的球，放入盆中，冷水入锅蒸 30 分钟。

（4）蒸好之后出锅，趁热放上小红枣（见图 5-51）。

图 5-51

知否知否

做年糕的面团要软一点，出锅后用刀切一块，加少量红糖，粘糯香甜。

拓展思考

1. 说一说你家乡的春节习俗。
2. 制作红烧肉时怎样才能使其香而不腻？

参考文献

[1] 吴敏怡，余庆，张苏娜．中医名家谈春季养生．上海：上海中医药大学出版社，2010.

[2] 刘思愚．四季养生全书．哈尔滨：哈尔滨出版社，2009.

[3]《图说生活·美食天下系列》编委会．四季养生食谱．上海：上海科学普及出版社，2009.

[4] 王水龙．饮食中的养生之道．西安：西安交通大学出版社，2014.

[5] 熊亮．二十四节气．天津：天津人民出版社，2017.

[6] 林帝浣．时光映画：镜头中的二十四节气．北京：九州出版社，2019.

[7] 高春香，邵敏，许明振，等．这就是二十四节气．北京：海豚出版社，2015.

[8] 李志敏．二十四节气知识全书．北京：中国纺织出版社，2010.

图书在版编目（CIP）数据

饮食文化：四时八节飨莱菜 / 蔡沐禅主编．－－北京：中国人民大学出版社，2021.7
中等职业教育通用基础教材系列
ISBN 978-7-300-29475-9

Ⅰ．①饮… Ⅱ．①蔡… Ⅲ．①饮食－文化－中国－中等专业学校－教材 Ⅳ．① TS971.2

中国版本图书馆 CIP 数据核字（2021）第 110272 号

中等职业教育通用基础教材系列
饮食文化——四时八节飨莱菜
主　编　蔡沐禅
副主编　尹迎新　王翠波　张爱廷　刘海涛　徐钰蛟
Yinshi Wenhua——Sishi Bajie Xiang Laicai

出版发行	中国人民大学出版社		
社　址	北京中关村大街 31 号	邮政编码	100080
电　话	010－62511242（总编室）		010－62511770（质管部）
	010－82501766（邮购部）		010－62514148（门市部）
	010－62515195（发行公司）		010－62515275（盗版举报）
网　址	http://www.crup.com.cn		
经　销	新华书店		
印　刷	北京瑞禾彩色印刷有限公司		
规　格	185mm×260mm　16 开本	版　次	2021 年 7 月第 1 版
印　张	11	印　次	2021 年 7 月第 1 次印刷
字　数	193 000	定　价	42.60 元
